牛羊产业精品教材

牛羊高效生态养殖与疫病防控新技术

王富贵　付荣顺　刘　芳　皇甫晓鹏　鲁俊廷　赵桂春　主编

中国农业科学技术出版社

图书在版编目（CIP）数据

牛羊高效生态养殖与疫病防控新技术／王富贵等主编 . -- 北京：中国农业科学技术出版社，2024. 8.

ISBN 978-7-5116-6977-3

Ⅰ. S823；S826；S858. 2

中国国家版本馆 CIP 数据核字第 202436M802 号

责任编辑　白姗姗
责任校对　李向荣
责任印制　姜义伟　王思文

出 版 者　中国农业科学技术出版社
　　　　　北京市中关村南大街 12 号　　邮编：100081
电　　话　（010）82106638（编辑室）　　（010）82106624（发行部）
　　　　　（010）82109709（读者服务部）
网　　址　https://castp.caas.cn
经 销 者　各地新华书店
印 刷 者　鸿博睿特(天津)印刷科技有限公司
开　　本　140 mm×203 mm　1/32
印　　张　5
字　　数　130 千字
版　　次　2024 年 8 月第 1 版　2024 年 8 月第 1 次印刷
定　　价　39. 80 元

前　言

在现代畜牧业的发展进程中，牛羊养殖占据着举足轻重的地位。随着人们对优质牛羊肉和奶制品需求的不断增长，以及对生态环境保护意识的日益增强，探索牛羊高效生态养殖模式成为行业发展的必然趋势。同时，疫病防控始终是牛羊养殖产业健康发展的关键环节，直接关系养殖效益和公共卫生安全。

本书聚焦于牛羊高效生态养殖与疫病防控技术，旨在为广大养殖从业者提供全面、系统且实用的指导。高效生态养殖强调在保障牛羊健康生长、提高生产性能的同时，最大限度地减少对环境的负面影响，实现资源的合理利用和可持续发展。通过科学的饲养管理、合理的饲料配方、优化的养殖环境等手段，提高养殖效率，降低养殖成本，提升产品质量。

本书力求内容丰富、实用、具有前瞻性。希望能够对广大读者在提升养殖技术、转变养殖理念、增加养殖效益等方面提供有益的帮助。

编　者

2024 年 7 月

目　　录

第一章 牛羊生态养殖技术基础知识

牛羊养殖业是畜牧业的重要组成部分，传统的养殖方式往往注重产量而忽视了质量和环境，导致资源浪费和环境污染等问题。生态养殖作为一种可持续的养殖模式，强调在提供充足营养的基础上，降低对环境的负面影响，实现养殖业的良性发展。

第一节 牛羊场的规划和建设

一、选址

1. 地势

应选择地势较高、干燥、平坦、排水良好的地方，避免低洼潮湿的区域，以减少疾病传播和积水问题。例如，在山区建设牛羊场，可选择山腰或山顶相对平坦的地段。

2. 水源

要有充足、清洁、方便取用的水源，附近要有河流、湖泊或深井，且水质符合饮用水标准。

3. 环境

远离居民区、工厂、交通主干道等，以减少噪声、污染和疾病传播的风险。同时，要考虑周边的植被情况，确保有足够的草料资源。

二、布局规划

1. 生产区

包括牛羊舍、饲料储存和加工区、挤奶厅（如果有奶牛）

等。牛羊舍的朝向应考虑采光和通风，一般坐北朝南。

2. 隔离区

设置病畜隔离舍，位于生产区的下风处，与健康牛羊舍保持一定距离。

3. 管理区

包括办公室、宿舍、仓库等，应与生产区有一定的隔离。

4. 粪污处理区

用于处理牛、羊的粪便和污水，应位于养殖场的下风向，并采取有效的环保措施，防止污染环境。

三、牛羊舍建设

1. 结构

根据当地的气候条件和养殖规模选择合适的结构，如开放式、半开放式或封闭式。

2. 面积

根据牛羊的数量和品种确定舍内面积，保证每头牛有足够的活动空间，每只羊的占地面积一般1.5~2平方米。

3. 地面

地面要坚实、平整、防滑，便于清洁和消毒。常见的地面材料有混凝土、砖块等。

4. 通风和采光

安装合理的通风设备和窗户，保证舍内空气流通和光照充足。

四、饲料供应和储存

1. 种植青贮饲料

根据养殖场的规模，规划一定面积的土地，用于种植青贮玉米、牧草等。

2. 饲料储存设施

建设专门的饲料仓库，保持干燥、通风，防止饲料受潮、发霉。

五、疫病防控

1. 消毒设施

在养殖场入口设置消毒池，定期对牛羊舍、设备等进行消毒。

2. 免疫程序

制订科学的免疫计划，按时为牛羊接种疫苗。

第二节　营养与饲料配制

一、牛羊的营养需求

（一）能量需求

牛羊的能量需求取决于其年龄、体重、生长阶段、生产性能和环境条件等因素。例如，育肥牛在育肥期需要较高的能量摄入，以促进肌肉和脂肪的生长，而哺乳期的母羊则需要更多的能量来满足产奶的需求。

（二）蛋白质需求

蛋白质是构成动物体组织和细胞的重要成分，对于牛羊的生长、繁殖和生产性能至关重要。不同生长阶段和生产性能的牛羊对蛋白质的质量和数量要求不同。例如，幼龄牛羊需要优质的蛋白质来支持生长发育，而成年牛羊对蛋白质的需求相对较低，但仍需保证一定的摄入量。

（三）矿物质需求

矿物质在维持牛羊的生理功能和代谢平衡方面发挥着重要作用。常见的矿物质包括钙、磷、钠、钾、镁、铁、锌、铜、锰等。钙和磷对于骨骼的发育和维持至关重要，缺乏会导致骨骼疾病；铁对于血红蛋白的合成和氧气运输必不可少，缺乏会导致贫血等症状。

（四）维生素需求

维生素是一类微量有机物质，对于调节生理功能和维持健康具有重要作用。牛羊需要的维生素包括脂溶性维生素（如维生素 A、维生素 D、维生素 E、维生素 K 等）和水溶性维生素（如 B 族维生素、维生素 C 等）。例如，维生素 A 对于维持视觉、生殖和免疫系统的正常功能非常重要，缺乏会导致夜盲症、生殖障碍等问题。

二、饲料的种类与特点

（一）粗饲料

粗饲料是指干物质中粗纤维含量在 18% 以上的饲料，主要包括干草、青贮料、秸秆等。粗饲料的营养价值相对较低，但在牛、羊的消化系统中起着填充和刺激消化的作用。干草是经过晾晒或烘干处理的牧草，其营养成分相对稳定；青贮料是将新鲜的牧草或作物秸秆在厌氧条件下发酵制成的，具有较好的适口性和保存性；秸秆的营养价值较低，但经过适当的处理（如氨化、碱化等）可以提高其利用率。

（二）精饲料

精饲料是指容量大、纤维成分含量低（干物质中粗纤维含量小于 18%）、可消化养分含量高的饲料。主要有能量饲料和蛋白饲料。精饲料的营养价值较高，但价格相对昂贵，在饲料配方中应根据实际情况合理使用。

（三）青绿饲料

青绿饲料是指天然水分含量在 60% 以上的新鲜牧草、蔬菜、树叶等。青绿饲料富含维生素、矿物质和蛋白质，适口性好，是牛羊优质的饲料来源。但青绿饲料的季节性较强，需要合理储存和利用。

（四）矿物质饲料

矿物质饲料主要包括食盐、石粉、贝壳粉、骨粉等，用于补充牛羊所需的矿质元素。

（五）饲料添加剂

饲料添加剂是指为了满足牛羊的特殊营养需求或提高饲料利用率而添加到饲料中的微量物质，如维生素添加剂、微量元素添加剂、益生菌、酶制剂等。

三、饲料配制的原则与方法

（一）配制原则

1. 营养均衡原则

根据牛羊的营养需求和饲料的营养成分，合理搭配各种饲料原料，确保饲料中能量、蛋白质、矿物质和维生素等营养物质的均衡供应。

2. 适口原则

选择适口性好的饲料原料，以提高牛羊的采食量，保证其摄入足够的营养物质。

3. 经济性原则

在满足牛羊营养需求的前提下，尽量选择价格低廉、来源广泛的饲料原料，降低饲料成本。

4. 安全性原则

选择无霉变、无污染、无农药残留的饲料原料，确保饲料的安全卫生。

（二）配制方法

1. 确定饲养标准

根据牛羊的品种、年龄、体重、生长阶段和生产性能等因素，查阅相关的饲养标准，确定其营养需求。

2. 选择饲料原料

根据饲料的营养成分、价格、适口性和供应情况等因素，选择合适的饲料原料。

3. 计算饲料配方

根据饲养标准和饲料原料的营养成分，采用线性规划或试差法等方法计算饲料配方，确定各种饲料原料的比例。

4. 调整饲料配方

根据实际生产情况和动物的反应，对饲料配方进行适当的调整和优化。

四、日粮设计

随着人们对食品安全、环境保护和动物福利的关注度不断提高，牛羊生态养殖模式逐渐成为现代畜牧业发展的重要方向。在这种养殖模式下，合理的日粮设计不仅是保障牛、羊健康生长和高效生产的关键，也是实现生态平衡和资源可持续利用的基础。

（一）日粮设计的方法

1. 确定目标

明确养殖的目标，如牛羊的生长速度、产奶量、产肉量、繁殖性能等，并根据这些目标确定营养需求。

2. 饲料原料选择

基于当地的饲料资源、价格和供应稳定性，选择合适的饲料原料。同时，考虑饲料原料的营养成分、适口性和安全性。

3. 营养成分计算

根据所选饲料原料的营养成分表，通过数学模型或专业软件计算每种原料在日粮中所能提供的营养量。

4. 配方调整

根据计算结果，对比牛羊的营养需求，对饲料原料的比例进行调整，以确保日粮的营养平衡。

5. 验证与优化

将设计好的日粮在实际养殖中进行试用，观察牛羊的生长状况、健康表现、生产性能等，并根据实际效果对日粮配方进行进一步的优化和调整。

（二）实例分析

以体重 300 千克、预期日增重 1.2 千克的育肥牛为例。

1. 营养需求

每天需要消化能约 70 兆焦、粗蛋白质约 1 000 克、钙约 30 克、磷约 20 克等。

2. 饲料选择

青贮玉米、苜蓿干草、玉米、豆粕、麦麸、食盐、矿物质和维生素添加剂。

3. 初步配方

青贮玉米 15 千克、苜蓿干草 3 千克、玉米 5 千克、豆粕 2 千克、麦麸 1 千克、食盐 30 克、矿物质和维生素添加剂适量。

4. 营养计算

通过查阅饲料营养成分表和计算，该配方提供的消化能约为 75 兆焦、粗蛋白质约 980 克、钙约 28 克、磷约 18 克。

5. 调整优化

由于钙和磷的含量略低，将豆粕的用量增加到 2.5 千克，同时添加适量的磷酸氢钙，重新计算后，营养成分满足需求。

第三节　牛羊繁殖

一、繁殖生理

（一）牛羊生殖系统的结构与功能

1. 雄性生殖系统

（1）睾丸。睾丸是产生精子和分泌雄性激素的主要器官，其功能的正常发挥受到下丘脑—垂体—性腺轴的调控。环境温度过高或过低都会影响睾丸的生精功能。

（2）附睾。精子在此进一步成熟和储存，附睾的环境对精子的存活能力和活力维持至关重要。

（3）输精管和副性腺。它们负责输送精子和分泌精液中的部分成分，共同构成完整的射精过程。

2. 雌性生殖系统

（1）卵巢。卵巢具有产生卵子和分泌性激素的双重功能，通过卵泡发育和排卵过程实现生殖周期的调控。卵巢上的黄体和卵泡的交替变化决定了雌性的发情周期。

（2）输卵管。输卵管是卵子受精和早期胚胎发育的场所，其结构和功能的完整性对受精成功率有重要影响。

（3）子宫。子宫为胚胎着床和发育提供适宜的环境，其形态和生理状态在妊娠过程中发生显著变化。

（二）牛羊的繁殖规律

1. 性成熟

牛羊达到一定年龄和体重时，生殖器官发育成熟，具备繁殖能力。性成熟的时间受品种、营养和环境等因素的影响。

2. 发情周期

雌性牛羊具有周期性发情的特点，发情周期通常由卵泡期和黄体期组成。不同品种和个体的发情周期长度存在一定差异。

3. 季节性繁殖

许多牛羊品种表现出季节性繁殖的特性，这与光照、温度和饲料资源的季节性变化密切相关。

例如，绵羊在秋季和冬季发情较为集中，而某些牛品种在夏季发情率相对较低。

二、杂交优势利用

（一）杂交优势的概念

杂交优势是指两个或多个不同品种或品系的个体进行杂交，所产生的杂种后代在生长速度、繁殖性能、饲料利用率、适应性和抗病力等方面优于其亲本纯繁群体的现象。

（二）牛羊杂交的常见方式

1. 经济杂交

目的是利用杂种一代的优势，获得具有较高生产性能和经济效益的商品牛羊。杂种一代通常不作种用，直接用于育肥或生产。例如，用肉用品种公牛与本地母牛杂交，生产肉用杂种牛。

2. 轮回杂交

（1）选择两个或多个品种，依次进行杂交。杂种后代中的优秀母畜继续与另一个品种的公畜杂交，以保持杂种优势。

（2）这种方式可以持续利用杂种优势，同时降低引入外种的成本。

3. 终端杂交

（1）先用两个品种进行杂交产生杂种母畜，再用第三个品种的公畜与之交配，生产商品代。

（2）终端父本通常选择生长速度快、瘦肉率高的品种。

（三）杂交优势的表现

1. 生长性能

杂种牛羊通常具有更快的生长速度和更大的体重增加，能在更短的时间内达到出栏标准。

2. 饲料利用率

能够更有效地转化饲料为体重增加和产肉、产奶等产品，降低饲养成本。

3. 繁殖性能

可能表现出更好的发情症状、受胎率和产仔数。

4. 适应性和抗病力

对环境变化和疾病的抵抗力更强，减少养殖中的损失。

（四）杂交优势利用的注意事项

1. 亲本选择

亲本品种应具有优良的遗传性能和健康状况。

2. 杂交一代的利用

及时将杂种一代用于生产，避免留种导致杂种优势的衰退。

3. 饲养管理

提供良好的饲养环境和合理的营养，以充分发挥杂种优势。

4. 技术支持

掌握杂交技术和繁殖管理知识，确保杂交工作的顺利进行。

三、人工授精

(一) 采集精液

通过特殊的采精设备和方法，从优良种公畜获取精液。这需要对公畜进行适当的训练和刺激，以保证采集到高质量的精液。例如，对于牛，常用的采精方法有电刺激法和假阴道法。

(二) 精液处理

采集后的精液需要进行评估、稀释和保存等处理。评估包括精子活力、密度和形态等指标的检测。稀释是为了增加精液量，以便为更多母畜输精。保存则通常采用低温冷藏或冷冻的方式。例如，使用适宜的稀释液可以延长精子的存活时间并保持其活力。

(三) 输精操作

将处理后的精液通过输精器械输入发情母畜的生殖道内。输精的时间和部位要准确把握，以提高受孕率。

对于羊，一般采用阴道输精法；对于牛，常见直肠把握子宫颈输精法。

(四) 优点

能够充分利用优良种公畜的遗传优势，减少种公畜的饲养数量，降低成本；可以控制疾病传播，便于品种改良和引入优良基因；不受时间和空间限制，方便操作。

(五) 缺点

技术要求较高，需要专业的设备和操作人员；精液处理和保存过程中可能会影响精子质量。

四、妊娠与分娩

(一) 妊娠

1. 妊娠诊断

(1) 外部观察。母畜在妊娠后可能会出现食欲增加、行动谨慎、皮毛光亮等表现。

(2) 直肠检查。通过直肠触摸子宫和胎儿,是较为准确的早期妊娠诊断方法。

(3) 超声检查。可在妊娠一定时期后清晰地看到胎儿的影像,确定妊娠及胎儿发育情况。

2. 妊娠期管理

(1) 适当运动。有助于维持母畜体质,但要避免剧烈运动和惊吓。

(2) 环境舒适。保持圈舍清洁、干燥、通风良好。

(3) 疾病预防。做好免疫接种,预防传染病和寄生虫病。

3. 妊娠期常见问题

(1) 流产。可能由营养不足、疾病、应激等因素引起。

(2) 胎儿发育异常。如畸形、生长迟缓等。

(二) 分娩

1. 分娩预兆

(1) 乳房变化。乳房肿胀、乳头能挤出乳汁。

(2) 骨盆韧带松弛。表现为母畜行动迟缓、起卧不便。

(3) 外阴部变化。阴唇肿胀、柔软,有黏液流出。

2. 分娩过程

(1) 开口期。子宫开始收缩,宫颈口逐渐张开。

(2) 胎儿排出期。胎儿通过产道娩出。

(3) 胎衣排出期。分娩后一段时间内,胎衣应自然排出。

3. 接产准备

（1）准备清洁、消毒的接产工具，如剪刀、碘酒等。

（2）安排有经验的人员值班观察。

4. 接产操作

（1）当胎儿头部露出时，用手托住以防胎儿突然冲出受伤。

（2）若分娩困难，应及时进行助产，但要严格消毒和遵循操作规程。

5. 产后护理

（1）及时清理母畜身上的污物，保持卫生。

（2）检查母畜的产道有无损伤，如有应及时处理。

（3）让母畜尽快与幼畜接触，促进初乳的分泌和哺乳。

6. 新生幼畜护理

（1）确保幼畜尽快吃到初乳，获得免疫力。

（2）检查幼畜的身体状况，如呼吸、心跳、脐带等。

（3）做好保暖工作，防止幼畜受寒。

第四节　牛羊防疫与检疫

在牛羊养殖过程中，防疫工作至关重要，其中疫苗接种是关键的预防措施之一。

一、疫苗接种

疫苗是预防牛羊疫病的重要手段，通过激发机体的免疫反应，使牛羊对特定病原体产生抵抗力。

（一）常见疫苗种类

1. 口蹄疫疫苗

（1）疫苗类型。口蹄疫疫苗主要有灭活疫苗和合成肽疫苗等类型。灭活疫苗通过对病毒进行灭活处理后制成，具有较好的稳定性和安全性。合成肽疫苗则是通过化学合成病毒的特定抗原表位，能够更精准地激发免疫反应。

（2）免疫效果。合理接种口蹄疫疫苗可以有效降低牛羊感染口蹄疫的风险。免疫后，牛羊体内会产生特异性抗体，能够中和病毒，减轻症状甚至避免发病。然而，免疫效果会受到多种因素的影响，如疫苗质量、接种剂量、牛羊个体差异等。

（3）适用年龄。通常，幼畜在达到一定月龄后可以进行首次接种，一般为 2~3 月龄。成年牛羊则根据免疫程序进行定期加强免疫。不同年龄段的牛羊对疫苗的反应可能有所不同，因此需要根据实际情况选择合适的疫苗和接种方案。

（4）不良反应。接种口蹄疫疫苗后，部分牛羊可能会出现轻微的不良反应，如发热、食欲不振、注射部位肿胀等。这些反应通常在短时间内自行消退。但在极少数情况下，可能会出现严重的过敏反应，需要及时进行治疗。

2. 小反刍兽疫疫苗

（1）疫苗特性。小反刍兽疫疫苗具有良好的免疫原性，能够诱导机体产生有效的免疫保护。目前常用的疫苗包括弱毒活疫苗和灭活疫苗。弱毒活疫苗免疫反应迅速，但需要严格控制使用条件；灭活疫苗安全性较高，但免疫产生的时间相对较长。

（2）接种时机。小反刍兽疫疫苗的接种时机应根据当地疫情流行情况和牛羊的年龄来确定。一般来说，幼畜在 1 月龄以上即可进行首次接种，成年牛羊应按照免疫程序进行定期加强免疫。在疫情高发地区或季节，应提前进行接种。

（3）免疫周期。小反刍兽疫疫苗的免疫保护期通常为 1~3 年，但具体的免疫持续时间会受到多种因素的影响，如疫苗质量、接种剂量、牛羊的健康状况等。因此，需要定期进行抗体检测，以确定是否需要进行加强免疫。

（4）存储条件。小反刍兽疫疫苗的存储条件较为严格，一般需要在2~8℃的冷藏环境中保存，避免冷冻和高温。在运输和保存过程中，应确保疫苗的冷链完整性，以保证疫苗的质量和有效性。

3. 布鲁氏菌病疫苗

（1）疫苗选择。布鲁氏菌病疫苗的种类较多，包括弱毒活疫苗和灭活疫苗等。在选择疫苗时，应根据当地布鲁氏菌病的流行情况、牛羊的品种和年龄等因素进行综合考虑。对于妊娠牛羊，应选择安全性较高的疫苗。

（2）免疫途径。布鲁氏菌病疫苗的免疫途径主要有皮下注射、肌内注射和口服等。不同的免疫途径可能会影响疫苗的免疫效果和安全性。例如，皮下注射和肌内注射的免疫反应较为迅速，但可能会引起局部的炎症反应；口服疫苗则相对较为温和，但免疫效果可能稍逊一筹。

（3）注意事项。接种布鲁氏菌病疫苗时，需要注意操作人员的个人防护，避免感染。同时，要严格按照疫苗说明书的要求进行接种，控制接种剂量和接种部位。对于免疫功能低下或处于疾病潜伏期的牛羊，应谨慎接种。

4. 其他重要疫苗

（1）牛病毒性腹泻疫苗。牛病毒性腹泻是一种常见的牛传染病，对牛的健康和生产性能造成严重影响。疫苗类型包括弱毒活疫苗和灭活疫苗。接种牛病毒性腹泻疫苗可以有效预防病毒感染，降低发病率和死亡率。在接种时，应注意疫苗的保存和使用方法，以及接种后的观察和护理。

（2）羊痘疫苗。羊痘是羊的一种急性、热性、接触性传染病，疫苗接种是预防羊痘的重要措施。羊痘疫苗有冻干疫苗和油佐剂疫苗等多种类型。接种羊痘疫苗可以刺激羊体产生免疫力，预防羊痘的发生和传播。在接种过程中，要严格按照操作规程进行，确保疫苗的质量和接种效果。

（3）破伤风疫苗。破伤风是由破伤风梭菌引起的一种急性传染病，主要影响牛羊的神经系统。破伤风疫苗可以有效预防破伤风的发生。接种破伤风疫苗时，要注意选择合适的疫苗类型和接种时间，同时要做好伤口的处理和消毒工作，降低感染破伤风的风险。

（4）蓝舌病疫苗。蓝舌病是由蓝舌病病毒引起的一种虫媒传染病，主要侵害牛羊的口腔、鼻腔和胃肠道等部位。蓝舌病疫苗的接种可以提高牛羊的免疫力，预防蓝舌病的发生。在接种蓝舌病疫苗时，要考虑当地的疫情流行情况和牛羊的免疫状态，制订合理的免疫计划。

（二）接种程序与剂量

1. 幼畜接种

（1）初免时间。幼畜的免疫系统尚未完全发育成熟，因此需要在适当的时间进行首次免疫接种。一般来说，牛犊在2~3月龄、羊羔在1~2月龄时可以进行首次疫苗接种。但具体的初免时间还应根据疫苗的种类、当地的疫病流行情况以及幼畜的健康状况来确定。

（2）间隔周期。首次免疫接种后，需要按照一定的间隔周期进行加强免疫，以增强和维持免疫效果。不同的疫苗间隔周期有所不同，通常在4~6周。在加强免疫时，要注意观察幼畜的健康状况，如有发热、腹泻等异常情况，应暂缓接种。

（3）剂量调整。幼畜的体重和生理状态会影响疫苗的吸收和反应，因此需要根据个体差异适当调整接种剂量。一般来说，体重较小的幼畜接种剂量相对较少，但应确保达到最低有效剂量。对于体质较弱或营养不良的幼畜，应在改善其健康状况后再进行接种，并根据实际情况调整剂量。

（4）联合接种。在实际养殖中，为了减少接种次数和提高免疫效率，可以考虑进行疫苗的联合接种。但并非所有疫苗都可以联合使用，需要根据疫苗的特性、相互作用和牛羊的健康状况来决定。在进行联合接种时，要注意观察牛羊的反应，如有异常应及时处理。

2. 成年畜接种

（1）年度免疫。成年牛羊由于接触病原体的机会较多，需要进行年度免疫以维持较高的免疫力。年度免疫的时间和疫苗种类应根据当地的疫病流行情况和养殖环境来确定。一般来说，每年春季和秋季是进行年度免疫的较好时机。

（2）加强免疫。在完成基础免疫程序后，为了进一步提高免疫效果和延长免疫保护期，需要进行加强免疫。加强免疫的时间间隔和疫苗种类应根据疫苗的说明书和牛羊的免疫状态来确定。对于高风险地区或养殖场，可以适当增加加强免疫的频率。

（3）特殊情况处理。在某些特殊情况下，如疫病暴发、引进新畜群等，需要对成年牛羊的免疫程序进行调整。例如，在疫病暴发期间，可以紧急接种相应的疫苗，并加强监测和防控措施。引进新畜群时，应先进行隔离观察和检疫，然后根据其免疫情况进行补充免疫。

（4）与生产周期的配合。牛羊的生产周期包括繁殖、育肥等阶段，在进行疫苗接种时应充分考虑与生产周期的配合。例如，在母牛怀孕后期和哺乳期，应选择安全性高的疫苗，并避免在临近分娩或产奶高峰期进行接种，以免影响母牛的健康和生产性能。

3. 加强免疫

（1）触发条件。加强免疫的触发条件主要包括疫苗的免疫保护期即将结束、抗体水平下降到一定程度、疫病流行风险增加等。通过定期监测抗体水平和疫病流行情况，可以及时确定是否需要进行加强免疫。

（2）时间间隔。加强免疫的时间间隔应根据疫苗的特性和牛羊的免疫状态来确定。一般来说，间隔 6~12 个月进行 1 次加强免疫较为常见。但对于一些免疫保护期较短的疫苗，如口蹄疫疫苗，间隔时间可能更短。

（3）效果监测。加强免疫后，应及时监测免疫效果，包括抗体水平的检测和临床观察。抗体水平的升高和临床症状的减轻或消失表明免疫效果良好。如果免疫效果不理想，应分析原因，如疫苗质量、接种操作、牛羊个体差异等，并采取相应的改进措施。

（4）优化方案。根据免疫效果监测和实际应用情况，不断优化加强免疫方案。例如，调整疫苗种类、接种剂量、接种途径、时间间隔等，以提高免疫效果和降低免疫成本。同时，结合养殖场的实际情况，制订个性化的免疫方案，确保牛羊的健康和生产安全。

（三）接种注意事项

1. 接种前准备

（1）健康检查。在进行疫苗接种前，应对牛羊进行全面的健康检查。包括体温、呼吸、心跳、精神状态、饮食等方面的观察。如果牛羊处于疾病潜伏期、发热、营养不良或怀孕后期等特殊生理状态，应暂缓接种，待其恢复健康后再进行。

（2）应激预防。疫苗接种对牛羊来说是一种应激源，可能会引起一定程度的应激反应。为了减少应激反应的发生，可以在接种前 2~3 天给牛羊补充维生素、矿物质等营养物质，增强其抵抗力。同时，保持圈舍环境的安静、舒适，避免过度惊吓和驱赶。

（3）疫苗检查。接种前要仔细检查疫苗的外观、标签、有效期等。确保疫苗无破损、变色、沉淀等异常现象。如果发现疫苗存在质量问题，应及时更换。

（4）器械消毒。接种所用的注射器、针头、镊子等器械应提前进行严格的消毒处理。可以采用高温高压灭菌、化学消毒等方法，确保器械无菌，避免交叉感染。

2. 接种操作规范

（1）注射部位选择。根据疫苗的类型和牛羊的年龄、体重等因素，选择合适的注射部位。一般来说，肌内注射可选择颈部、臀部等肌肉丰满的部位；皮下注射可选择颈部、腹股沟等部位。避免在有炎症、硬结或神经血管丰富的部位注射。

（2）注射深度控制。注射深度应根据注射部位和牛羊的体型大小来确定。一般来说，肌内注射深度为 2~3 厘米，皮下注射深度为 1~2 厘米。过深或过浅的注射都可能影响疫苗的吸收和免疫效果。

（3）无菌操作要求。在接种过程中，要严格遵守无菌操作原则。操作人员应洗手消毒，佩戴口罩和手套。注射部位要用碘酒或酒精消毒，注射后用干棉球按压止血。

（4）群体接种顺序。在进行群体接种时，应按照健康状况、年龄、性别等因素进行分组，先接种健康的牛羊，再接种有轻微疾病的牛羊。对于发病或体弱的牛羊，应在其恢复健康后再接种。

3. 接种后观察

（1）短期观察要点。接种后 30 分钟内，应密切观察牛羊的反应。主要观察有无过敏反应，如呼吸急促、心跳加快、皮肤红肿、呕吐等。如果出现过敏反应，应立即采取抗过敏治疗措施，如注射肾上腺素等。

（2）常见不良反应处理。常见的不良反应包括发热、食欲不振、注射部位肿胀等。一般情况下，这些不良反应会在 1~2 天内自行消退，无须特殊处理。但如果不良反应持续时间较长或症状加重，应及时请兽医进行诊断和治疗。

（3）长期效果跟踪。接种后 2~4 周，可以进行抗体水平检测，评估免疫效果。如果抗体水平达不到保护要求，应分析原因，并考虑进行加强免疫。同时，要长期观察牛羊的健康状况，了解疫苗对疫病的预防效果。

（4）记录与报告。接种过程中要做好详细的记录，包括疫苗的名称、批次、接种时间、接种剂量、接种部位、牛羊的编号、健康状况等。如有不良反应发生，应及时报告给相关部门，并采取相应的措施。

二、疫病监测

疫病监测是牛羊养殖中保障健康和预防疾病传播的重要手段，通过科学有效的监测，能够及时发现潜在的疫病风险，采取相应措施加以控制。

（一）监测方法

1. 临床观察

（1）症状识别。临床观察中，准确识别牛羊的症状是关键。牛羊感染疫病后，可能表现出多种症状，如发热、咳嗽、腹泻、精神沉郁等。发热可能是身体抵抗感染的一种反应；咳嗽可能暗示呼吸道疾病；腹泻可能与消化系统问题有关；精神沉郁则可能是全身性疾病的表现。养殖人员需要敏锐地观察这些症状，注意其出现的时间、频率和严重程度。

（2）体征检查。体征检查包括对牛羊的身体外观、生理指标的检查。检查牛羊的皮肤是否有损伤、皮疹、寄生虫叮咬的痕迹；观察眼睛是否有分泌物、浑浊或异常；检查口腔、鼻腔的黏膜颜色和湿润度；测量脉搏、呼吸频率等生理指标。这些体征的变化往往能提供有关牛羊健康状况的重要线索。

（3）个体与群体观察。个体观察能发现单个牛羊的异常，但群体观察也同样重要。在群体中，注意牛羊的行为模式、采食情况、休息状态等。如果群体中出现部分牛羊离群、食欲不振、活动减少等异常现象，可能提示存在疫病问题。同时，对比不同个体之间的差异，有助于早期发现潜在的疫病。

（4）记录与分析。对观察到的症状和体征进行详细记录是非常必要的。记录应包括观察的时间、牛羊的个体标识、具体症状和体征的描述等。通过对这些记录的定期分析，可以发现疫病的发展趋势、流行规律，为进一步的诊断和防控提供依据。

2. 实验室检测

（1）检测项目选择。实验室检测项目的选择应根据牛羊的养殖环境、疫病流行情况以及临床症状等因素综合考虑。常见的检测项目包括病原体检测，如病毒、细菌、寄生虫的分离鉴定；血清学检测，如抗体水平测定；分子生物学检测，如PCR检测等。对于某些特定的疫病，还可能需要进行病理学检查、药敏试验等。

（2）样本采集与运输。样本的采集和运输直接影响检测结果的准确性。样本的种类包括血液、粪便、组织、分泌物等。采集样本时，要遵循严格的操作规程，确保样本的质量和代表性。例如，采集血液样本时要注意无菌操作，避免血液凝固或污染；采集粪便样本要保证新鲜。样本采集后，应使用合适的容器和保存条件进行运输，尽快送达实验室，以减少样本的变质和损坏。

（3）实验室质量控制。为了确保检测结果的可靠性，实验室必须进行严格的质量控制。这包括仪器设备的定期校准和维护、试剂的质量检测、实验操作的标准化以及内部质量控制和外部质量评估。内部质量控制可以通过设置阳性对照、阴性对照和重复样本等方式进行；外部质量评估则可以通过参加实验室间比对、能力验证等活动来实现。

（4）检测结果解读。检测结果的解读需要结合临床症状、养殖场的实际情况以及其他相关信息。阳性结果并不一定意味着牛羊一定患病，可能是既往感染或疫苗接种后的反应；阴性结果也不能完全排除感染的可能性，可能是处于感染的早期阶段或检测方法的局限性。因此，需要兽医或专业人员进行综合分析和判断。

3. 血清学检测

（1）检测指标。血清学检测的指标通常包括抗体水平、抗原含量等。抗体水平的高低可以反映牛羊对特定病原体的免疫状态和感染情况。例如，高水平的特异性抗体可能表示既往感染或疫苗接种后的有效免疫；低水平或无抗体则可能提示易感性增加或免疫失败。抗原含量的检测则可以直接反映病原体的存在和感染程度。

（2）检测时机。检测时机的选择对于准确评估疫病状况至关重要。一般在疫苗接种后的一定时间进行检测，以评估免疫效果；在疫病流行季节前或高发期进行检测，以便及时采取防控措施；在引进新畜群后进行检测，防止引入病原体。此外，对于某些具有潜伏期的疫病，需要在潜伏期过后进行检测，以提高检测的准确性。

（3）检测范围。检测范围应根据疫病的传播特点、养殖场的规模和地理分布等因素确定。可以是整个养殖场、特定的畜群、某个区域的养殖场，甚至是跨地区的检测网络。对于重点疫病和高风险区域，应加大检测的频率和范围，做到全面覆盖、重点突出。

（4）结果应用。血清学检测结果可以用于评估养殖场的疫病防控效果、调整免疫程序、制订防控策略以及追溯疫病的来源和传播途径。例如，如果检测发现抗体水平普遍较低，可能需要加强疫苗接种；如果发现某一区域的抗原阳性率较高，应及时采取隔离、消毒等措施，防止疫病的扩散。

(二) 产地检疫

1. 检疫申报

(1) 申报流程。产地检疫申报流程通常包括养殖者或货主向当地动物卫生监督机构提出申请，填写相关申报表格，提供牛羊的养殖信息、免疫记录等资料。申报可以通过线上或线下的方式进行，以方便养殖者操作。

(2) 所需材料。申报时需要提供的材料包括牛羊的养殖档案、免疫证明、疫病监测报告等。养殖档案应详细记录牛羊的品种、数量、出生日期、免疫接种情况等信息；免疫证明应证明牛羊已经按照规定进行了相应的疫苗接种；疫病监测报告则能反映牛羊的健康状况和疫病风险。

(3) 申报时间。养殖者应在牛羊出售、运输或屠宰前进行检疫申报，以便检疫部门有足够的时间安排检疫工作。具体的申报时间要求可能因地区和检疫规定而有所不同，一般建议提前 3~7 天进行申报。

(4) 电子申报系统。随着信息技术的发展，越来越多的地区建立了电子申报系统，方便养殖者进行检疫申报。电子申报系统可以实现申报信息的快速传递和处理，提高检疫工作的效率和准确性。同时，也便于检疫部门对申报信息进行统计和分析。

2. 现场检查内容

(1) 个体健康状况。检疫人员会对每只牛羊的个体健康状况进行仔细检查。观察牛羊的精神状态、体温、呼吸、心跳等生理指标是否正常；检查眼睛、口鼻、肛门等部位是否有分泌物、肿胀或其他异常；检查皮肤是否有损伤、寄生虫或皮疹等。

(2) 群体疫情排查。除了个体检查外，还会对整个群体进行疫情排查。观察群体的采食、饮水、休息等行为是否正常；检查群体中是否有异常死亡、发病的个体；了解群体的免疫情况和养殖环境是否存在疫病传播的风险。

（3）养殖档案审查。审查养殖档案是了解牛羊养殖过程和健康状况的重要途径。检查档案中记录的免疫接种日期、疫苗种类、使用剂量是否符合规定；查看疫病监测记录是否完整、准确；核实饲料、兽药的使用情况是否合规。

（4）环境与设施检查。对养殖场的环境和设施进行检查，包括养殖场的布局是否合理，有无隔离设施；圈舍的卫生条件是否良好，通风、排水是否顺畅；消毒设施是否齐全、有效等。环境和设施的良好状况有助于预防疫病的发生和传播。

3. 检疫合格标准

（1）临床健康指标。检疫合格的牛羊应具备正常的精神状态、食欲、体温、呼吸、心跳等临床健康指标。眼睛明亮，口鼻无分泌物，皮肤完整，无明显的疾病症状和体征。

（2）免疫记录要求。牛羊应按照规定的免疫程序进行相应疫苗的接种，并且免疫记录齐全、真实、有效。免疫记录应包括疫苗的名称、生产厂家、批次、接种日期、接种剂量等信息。

（3）实验室检测结果。根据需要，可能会对牛羊进行实验室检测，如病原体检测、抗体水平检测等。检测结果应符合相关的检疫标准，未发现阳性结果或在允许的范围内。

（4）法律法规依据。产地检疫的合格标准应依据国家和地方的相关法律法规、检疫规程和技术标准来确定。检疫部门应严格按照法律法规的要求进行检疫，确保检疫结果的合法性和权威性。

（三）屠宰检疫

1. 宰前检疫流程

（1）入场查证验物。牛羊在进入屠宰场前，检疫人员要检查运输车辆的消毒证明、动物检疫合格证明等相关证件，并核对牛羊的数量、品种、标识等信息，确保与检疫证明相符。

（2）群体静态观察。在待宰圈中，对牛羊群体进行静态观察。观察牛羊的精神状态、姿势、呼吸等，注意有无异常行为或症状。同时，检查群体的整体肥瘦程度、毛色等，判断其健康状况。

（3）个体动态检查。对每只牛羊进行动态检查，包括行走、站立、采食等行为。观察牛羊的步态是否正常，有无跛行、颤抖等；检查口腔、鼻腔、眼睛等部位有无分泌物；触摸淋巴结、内脏等部位，检查有无肿大、异常。

（4）疑似病畜处理。对于发现的疑似病畜，应立即进行隔离，并进一步进行诊断和检测。如果确诊为患病牛羊，应按照相关规定进行处理，如无害化处理或治疗后再屠宰。

2. 宰后检疫要点

（1）头部检疫。检查头部的淋巴结、口腔、鼻腔、眼睛等部位。观察淋巴结是否肿大、出血、化脓；检查口腔黏膜有无溃疡、水泡；查看鼻腔有无分泌物；检查眼睛有无浑浊、出血等异常。

（2）内脏检疫。对心肝脾肺肾等内脏进行详细检查。观察内脏的颜色、形状、大小是否正常；检查表面有无出血点、结节、肿块等；触摸质地是否柔软、有弹性。

（3）胴体检疫。检查胴体的肌肉、脂肪、骨骼等组织。观察肌肉的色泽、纹理是否正常，有无出血、淤血、水肿等；检查脂肪的颜色、质地是否正常；查看骨骼有无骨折、病变。

（4）淋巴结检查。淋巴结是反映机体健康状况的重要指标。检查全身的淋巴结，如颌下淋巴结、腹股沟淋巴结、肠系膜淋巴结等，观察其大小、颜色、质地，有无肿大、出血、化脓等异常。

3. 不合格产品处理

（1）销毁方式。对于检疫不合格的牛羊产品，应采取销毁的方式进行处理。销毁方式包括焚烧、深埋等。焚烧应在专门的焚烧炉中进行，确保彻底销毁；深埋应选择远离水源、居民区的地点，并按照规定的深度和消毒要求进行。

（2）无害化处理流程。无害化处理应遵循严格的流程和标准。在处理前，应对不合格产品进行标识和隔离；处理过程中，应做好防护措施，防止病原体传播；处理后，应对处理场地进行彻底消毒，并做好记录。

（3）处理记录与追溯。对不合格产品的处理过程应进行详细记录，包括处理的时间、地点、方式、数量、责任人等信息。这些记录有助于追溯和监督处理过程，确保处理的合法性和有效性。

（4）监督与管理。相关部门应加强对不合格产品处理的监督与管理，定期检查处理情况，防止不合格产品流入市场。对违规处理的行为应依法予以严厉打击，保障公共卫生安全。

（四）运输检疫

1. 运输工具要求

（1）车辆消毒。运输牛羊的车辆在使用前和使用后都必须进行严格的消毒。消毒应包括车厢内部、外部、车轮等部位，使用有效的消毒剂，如过氧乙酸、氢氧化钠等。消毒时要确保消毒剂覆盖到所有可能接触到牛羊的表面，消毒后要进行充分的冲洗和干燥，以避免消毒剂残留对牛羊造成伤害。

（2）通风与温控设施。运输车辆应配备良好的通风设备，以保证车厢内空气流通，避免牛羊因缺氧和闷热而出现应激反应。在高温或寒冷季节，还需要有相应的温控设施，如空调或加热装置，将车厢内的温度控制在适宜的范围内，减少环境因素对牛羊健康的影响。

（3）空间与载畜量。车辆的空间应足够宽敞，以确保每只牛羊都有足够的活动空间。合理的载畜量不仅能提高牛羊的舒适度，还有助于减少运输过程中的挤压和碰撞，降低受伤和感染疾病的风险。根据牛羊的大小和体重，严格按照规定的载畜密度进行装载。

（4）防护设备配备。运输车上应配备必要的防护设备，如防滑垫、隔离栏等。防滑垫可以防止牛羊在行驶过程中滑倒受伤；隔离栏可以将不同批次或不同健康状况的牛羊分隔开，避免交叉感染。

2. 运输途中检查

（1）动物健康状况观察。在运输途中，要定期观察牛羊的健康状况。注意牛羊的精神状态、呼吸频率、体温等是否正常，有无异常的叫声或行为。对于出现异常的牛羊，要及时采取相应的措施，如给予饮水、通风降温或隔离治疗。

（2）环境条件监测。监测车厢内的温度、湿度、空气质量等环境条件。确保环境条件始终保持在适宜的范围内，如果发现温度过高、湿度过大或空气质量差等问题，要及时调整通风和温控设施。

（3）应激处理。运输过程中，牛羊可能会出现应激反应，如惊恐、颤抖、食欲不振等。应提前准备好应对应激的药物和措施，如使用镇静剂、补充电解质等，以减轻应激对牛羊的影响。

（4）运输日志记录。建立详细的运输日志，记录运输过程中的各项信息，包括出发时间、路线、停车休息时间、牛羊的健康状况、环境条件等。运输日志不仅有助于追溯运输过程中的情况，还能为今后的运输工作提供参考和改进依据。

3. 应急情况处理

（1）疫情突发应对。如果在运输过程中发现牛羊出现疑似传染病症状，应立即停止运输，将患病牛羊隔离，并及时向当地动物卫生监督机构报告。对运输车辆和周边环境进行严格的消毒，对同车的其他牛羊进行密切观察和检疫。

（2）交通事故处理。在发生交通事故时，首先要确保人员的安全，然后尽快检查牛羊的伤亡情况。对于受伤的牛羊，要进行紧急救治；对于死亡的牛羊，要按照规定进行无害化处理。同时，及时通知相关部门处理事故，并配合调查。

（3）恶劣天气应对。遇到恶劣天气，如暴雨、暴雪、大风等，要减速慢行，确保行车安全。如果天气条件严重影响运输，应寻找安全的地方停车等待，避免强行行驶导致事故发生。在等待期间，要保证牛羊的基本需求，如提供饮水和适当的保暖或降温措施。

（4）救援与保障。建立应急救援机制，确保在运输过程中遇到紧急情况时能够得到及时的救援和支持。与相关的救援机构、兽医部门保持密切联系，提前制订应急预案，明确各方的责任和协作方式。

第五节　环境卫生

一、日常清洁与消毒

（一）粪便清理

1. 清理频率

粪便清理的频率应根据牛羊的数量、圈舍的大小和环境条件来确定。一般来说，每天至少清理 1 次粪便，在夏季高温和潮湿的环境下，应增加清理次数，以防止粪便发酵产生有害气体和滋生细菌。对于大规模养殖场，可以采用机械化的粪便清理设备，提高清理效率。

2. 清理方法

常见的粪便清理方法有人工清理和机械清理两种。人工清理适用于小规模养殖场，操作简单，但劳动强度较大。机械清理则适用于大规模养殖场，如使用刮板清粪机、输送带清粪机等，可以大大提高清理效率。在清理粪便时，要注意将粪便彻底清除，避免残留。

3. 运输与处理

清理后的粪便应及时运输到指定地点进行处理。可以采用堆肥、沼气池发酵、制作有机肥料等方式进行处理，实现粪便的资源化利用。在运输过程中，要防止粪便泄漏，造成环境污染。

4. 环保要求

粪便处理要符合环保要求，避免对周围环境造成污染。养殖场应建立完善的环保设施，如污水处理系统、沼气池等，对粪便和污水进行无害化处理。同时，要遵守相关的环保法规，定期接受环保部门的检查和监测。

（二）圈舍消毒频率

1. 常规消毒周期

圈舍的常规消毒周期一般为每周 1~2 次。在消毒前，要先进行彻底清洁，清除粪便、污垢和杂物，以提高消毒效果。消毒时，要确保消毒剂均匀地喷洒在圈舍的各个角落，包括墙壁、地面、设备和器具等。

2. 疫情期间调整

在疫情期间，应增加消毒频率，每天至少消毒 1 次。对于发生疫病的圈舍，要进行多次消毒，直至疫情得到控制。同时，要选择高效、广谱的消毒剂，并严格按照说明书的要求进行配制和使用。

3. 季节因素影响

不同季节对圈舍消毒频率也有影响。在夏季高温高湿的环境下，细菌和病毒容易滋生，应适当增加消毒次数；冬季，由于气温较低，病原体的活动相对较弱，可以适当减少消毒次数，但仍要保持定期消毒。

4. 不同区域差异

圈舍内不同区域的消毒频率也应有所不同。如饲喂区、休息区、粪便处理区等，由于污染程度不同，消毒频率也应有所区别。污染较重的区域，如粪便处理区，应增加消毒次数。

（三）消毒药剂选择

1. 常见消毒剂种类

常见的消毒剂包括含氯消毒剂、过氧化物消毒剂、醛类消毒剂、酚类消毒剂等。含氯消毒剂如次氯酸钠、漂白粉等，具有广谱杀菌作用，但刺激性较大；过氧化物消毒剂如过氧化氢、过氧乙酸等，杀菌效果强，但稳定性较差；醛类消毒剂如福尔马林，杀菌效果持久，但毒性较大；酚类消毒剂如苯酚，具有一定的杀菌作用，但对环境有一定的污染。

2. 消毒剂特性比较

不同类型的消毒剂具有不同的特性，如杀菌谱、杀菌速度、稳定性、刺激性、毒性等。在选择消毒剂时，要根据圈舍的实际情况和消毒目的，综合考虑消毒剂的特性。例如，对于需要快速消毒的场所，可以选择杀菌速度快的消毒剂；对于有动物在场的圈舍，应选择刺激性小、毒性低的消毒剂。

3. 针对性选择原则

针对不同的病原体和污染情况，应选择具有针对性的消毒剂。如对于细菌芽孢，应选择高效的消毒剂如醛类消毒剂；对于病毒，应选择过氧化物消毒剂或含氯消毒剂。同时，要考虑消毒剂对圈舍设备和器具的腐蚀性，避免对设施造成损坏。

4. 安全使用注意事项

在使用消毒剂时，要严格遵守安全使用注意事项。首先，要按照说明书的要求正确配制消毒剂，避免浓度过高或过低影响消毒效果。其次，要做好个人防护，佩戴口罩、手套和护目镜等。使用过程中要避免消毒剂接触皮肤和眼睛，如不慎接触，应立即用大量清水冲洗。消毒后，要充分通风，待消毒剂气味散尽后再放入牛羊。

二、环境中的鼠、虫控制

（一）灭鼠措施

1. 物理灭鼠方法

物理灭鼠方法包括使用鼠夹、鼠笼、粘鼠板等工具。鼠夹和鼠笼要放置在老鼠经常出没的地方，并设置诱饵。粘鼠板则可以直接铺设在地面或墙角。物理灭鼠方法安全环保，但效果可能相对较慢。

2. 化学灭鼠药剂

化学灭鼠药剂是一种常见的灭鼠手段，但使用时要注意安全。选择合适的灭鼠药剂，并按照说明书的要求进行投放。要避免药剂被牛羊误食，同时要注意药剂对环境的影响。

3. 生物防治手段

生物防治手段如引入老鼠的天敌，如猫、猫头鹰等，可以起到一定的灭鼠效果。但要注意控制天敌的数量，避免对生态平衡造成影响。

4. 灭鼠效果评估

定期对灭鼠效果进行评估，观察老鼠的活动迹象和数量变化。如果灭鼠效果不理想，要及时调整灭鼠措施，确保养殖场内老鼠数量得到有效控制。

（二）灭蚊蝇方法

1. 物理防治措施

物理防治措施包括安装纱窗、纱门、蚊帐等，阻止蚊蝇进入圈舍，还可以使用灭蚊灯、粘蝇纸等工具进行捕杀。

2. 化学杀虫剂使用

化学杀虫剂可以快速有效地杀灭蚊蝇，但要选择对牛羊安全、低毒的产品。使用时要按照说明书的要求进行稀释和喷洒，避免对牛羊和环境造成危害。

3. 生物杀虫剂应用

生物杀虫剂如苏云金芽孢杆菌、球形芽孢杆菌等对蚊蝇具有一定的杀灭作用，且对环境友好。可以在圈舍周围喷洒生物杀虫剂，减少蚊蝇的滋生。

4. 环境改造防蚊蝇

通过改造环境，如清除积水、清理垃圾、填平洼地等，可以减少蚊蝇的滋生场所。保持圈舍周围的环境整洁卫生，有助于预防蚊蝇的繁殖。

（三）寄生虫检测

1. 检测方法与频率

寄生虫检测可以通过粪便检查、血液检查、体表检查等方法进行。检测频率应根据养殖场的实际情况和寄生虫的流行情况来确定，一般每年至少进行2~3次检测。

2. 样本采集与检测

粪便样本的采集要具有代表性，血液样本的采集要注意无菌操作。检测方法包括显微镜检查、血清学检测、分子生物学检测等。检测过程要严格按照操作规程进行，确保检测结果的准确性。

3. 数据分析与预警

对检测数据进行分析，了解寄生虫的感染率、感染强度和种类等信息。根据数据分析结果，及时发出预警，采取相应的防控措施。

4. 检测设备与技术

随着科技的发展，越来越多的先进检测设备和技术应用于寄生虫检测，如全自动寄生虫检测仪、PCR 技术等。养殖场应根据自身条件，选择合适的检测设备和技术，提高检测效率和准确性。

（四）驱虫药物选择

1. 体内驱虫药物

体内驱虫药物主要用于驱除牛羊体内的寄生虫，如蛔虫、绦虫、吸虫等。常见的体内驱虫药物有阿苯达唑、伊维菌素、左旋咪唑等。在选择体内驱虫药物时，要考虑寄生虫的种类、牛羊的年龄和体重等因素。

2. 体外驱虫药物

体外驱虫药物用于驱除牛羊体表的寄生虫，如跳蚤、虱子、螨虫等。常见的体外驱虫药物有敌百虫、双甲脒、溴氰菊酯等。使用体外驱虫药物时，要注意按照说明书的要求进行稀释和涂抹，避免药物中毒。

3. 复方驱虫药剂

复方驱虫药剂是将多种驱虫成分组合在一起的药物，具有广谱驱虫作用。但使用复方驱虫药剂时，要注意药物的相互作用和不良反应。

4. 药物安全性评估

在选择驱虫药物时，要对药物的安全性进行评估，包括药物的毒性、残留期和对牛羊的副作用等。同时，要遵守药物的使用规定，严格控制用药剂量和休药期，确保牛羊产品的质量安全。

第六节　牛羊群保健

牛羊群的保健对于维持其健康、提高生产性能以及保障养殖效益至关重要。

一、营养均衡

1. 优质饲料

提供新鲜、干净、营养丰富的饲料，包括青贮料、干草、精饲料等。根据牛羊的生长阶段、生产性能和生理状态，合理调配饲料配方。例如，育肥牛需要高蛋白、高能量的饲料，而怀孕母羊则需要更多的矿物质和维生素。

2. 矿物质和维生素补充

定期检测饲料中的矿物质和维生素含量，必要时进行补充。常见的矿物质如钙、磷、硒等，维生素如维生素 A、维生素 D、维生素 E 等，缺乏会导致多种疾病。

二、运动和光照

1. 充足运动

为牛羊提供足够的运动空间，促进其新陈代谢和肌肉发育。适当的运动还可以增强体质，提高免疫力。

2. 合理光照

保证牛羊群每天有足够的光照时间，有利于维生素 D 的合成和钙的吸收，维持骨骼健康。

三、应激管理

1. 减少运输应激

在牛羊运输过程中，提供舒适的运输条件，避免过度拥挤和长时间运输，运输前后给予适当的抗应激药物。

2. 气候应激

在炎热的夏季和寒冷的冬季，采取降温或保暖措施，减轻气候对牛羊的不良影响。

四、繁殖管理

1. 种畜选择

选择优良的种畜，确保繁殖性能良好，遗传品质优良。

2. 孕期保健

对怀孕的牛羊加强饲养管理，提供特殊的营养需求，做好产前产后的护理工作。

例如，某养殖场在夏季为牛羊搭建凉棚，安装风扇和喷淋设备进行降温，有效减少了热应激导致的疾病；另一家养殖场定期对牛羊进行寄生虫检测，并根据检测结果有针对性地进行驱虫，使得牛羊的生长速度和产奶量都有显著提高。

第二章　牛饲养管理新技术

随着人们对食品安全和环境保护的关注度不断提高，生态饲养管理在畜牧业中的应用越来越广泛。牛作为重要的家畜之一，其生态饲养管理对于提高牛肉和牛奶的质量，保障消费者的健康，以及促进畜牧业的可持续发展具有重要意义。

第一节　犊　牛

一、初乳喂养

犊牛阶段是牛生长发育的关键时期，而初乳喂养则是犊牛饲养管理中的首要环节。初乳富含丰富的营养物质和免疫球蛋白，对犊牛的健康和生长发育具有不可替代的作用。随着牛饲养管理新技术的不断发展，初乳喂养的方法和策略也在不断优化和完善。

（一）初乳的营养价值

1. 富含免疫球蛋白

初乳中含有大量的免疫球蛋白，如 IgG、IgA 和 IgM 等，能够帮助犊牛迅速建立自身的免疫系统，抵抗外界病原体的侵袭。例如，IgG 可以通过肠壁被犊牛吸收，进入血液循环，发挥免疫防御作用，有效抵抗细菌和病毒的感染。IgA 则主要存在于胃肠道黏膜表面，形成局部免疫屏障，阻止病原体在肠道内定植和繁殖。

2. 丰富的营养成分

初乳中蛋白质、脂肪、维生素和矿物质等营养成分的含量显著高于常乳。其中，蛋白质含量是常乳的数倍，且富含易于消化吸收的乳清蛋白。脂肪含量较高，为犊牛的生长发育提供了充足的能量。维生素 A、维生素 D、维生素 E 和 B 族维生素的含量丰富，有助于维持犊牛的正常生理功能。矿物质如钙、磷、镁、铁等的含量也较高，对于犊牛骨骼和牙齿的发育、血液的形成等具有重要意义。

（二）初乳喂养的时间和方法

1. 尽早饲喂初乳

犊牛出生后应在 1 小时内尽快吃到初乳，这是因为新生犊牛的肠道具有特殊的生理结构，能够在短时间内大量吸收免疫球蛋白。如果延迟饲喂初乳，肠道上皮细胞会逐渐关闭这种吸收通道，导致免疫球蛋白的吸收量减少。有研究表明，出生后 24 小时内饲喂初乳的犊牛，其血清中免疫球蛋白的含量明显高于延迟饲喂的犊牛，疾病发生率也显著降低。

2. 合适的饲喂量

根据犊牛的体重和体质，一般饲喂量为体重的 10%～12%。对于体质较弱或体重较小的犊牛，可以适当增加饲喂量。在饲喂过程中，要密切观察犊牛的反应，确保其能够顺利吞咽，避免出现呛奶或消化不良的情况。

3. 饲喂方式

可以使用奶瓶或奶桶进行饲喂。使用奶瓶饲喂时，要选择合适的奶嘴，确保犊牛能够轻松吸吮。使用奶桶饲喂时，要将初乳加热至适宜的温度（38～40℃），并让犊牛缓慢饮用。同时，要注意保持饲喂器具的清洁卫生，每次饲喂后及时清洗消毒，防止细菌滋生。

二、开食料的引入

开食料的引入作为一项关键的新技术，对于促进犊牛的生长发育、瘤胃功能建立以及后续的生产性能发挥着重要作用。随着现代养殖业的发展，对于犊牛开食料的研究和应用不断深入，为提高牛群的整体质量和养殖效益提供了有力支持。

（一）开食料的作用

1. 促进瘤胃发育

犊牛出生时，瘤胃尚未发育完全。开食料中的纤维成分可以刺激瘤胃乳头的生长和发育，增加瘤胃的容积和功能。例如，优质的干草或青贮料中的纤维能够促进瘤胃肌肉的收缩和蠕动，使瘤胃壁逐渐增厚，从而提高瘤胃的消化和吸收能力。早期引入适量的开食料，能够使犊牛瘤胃的发育提前，为其后续采食粗饲料奠定基础。这对于降低养殖成本、提高饲料利用率具有重要意义。

2. 提供营养补充

在犊牛的生长过程中，母乳或代乳料在一定阶段可能无法满足其快速生长的需求。开食料中通常含有丰富的蛋白质、矿物质和维生素，有助于犊牛骨骼、肌肉和器官的发育。例如，开食料中添加的钙和磷有助于犊牛骨骼的钙化和生长，充足的蛋白质可以促进肌肉的合成，而维生素 A、维生素 D、维生素 E 等对于维持犊牛的正常生理功能和免疫系统的发育至关重要。通过提供全面的营养补充，开食料能够确保犊牛在生长关键期得到充分的营养支持，减少生长迟缓或营养缺乏症的发生。

（二）开食料的引入时机

1. 7~10 日龄

通常情况下，犊牛在 7~10 日龄时开始表现出对固体饲料的兴趣，咀嚼和探索行为增加。此时，犊牛的瘤胃已经开始有了初步的微生物定植，具备了一定的消化固体饲料的能力。例如，观察到犊牛开始舔舐周围的物体或尝试啃咬草料，这是引入开食料的适宜信号。在此阶段引入少量的开食料，可以逐渐培养犊牛的采食习惯和消化能力。

2. 个体差异

尽管一般建议在 7~10 日龄引入开食料，但实际的引入时机还应根据犊牛的个体差异进行灵活调整。例如，对于体重较大、生长较快、体质强壮的犊牛，可以适当提前引入开食料，以满足其更高的营养需求；而对于体质较弱、消化能力较差的犊牛，则可能需要稍微推迟引入时间，待其身体状况稳定、消化功能有所改善后再引入。此外，环境因素如季节、温度等也可能影响犊牛的食欲和消化能力，进而影响开食料的引入时机。

（三）开食料的饲喂方法

1. 少量多次

在开食料引入的初期，由于犊牛的采食量较小，应采取少量多次的饲喂方式。开始时每天提供少量的开食料，逐渐增加饲喂量。例如，最初每天可以饲喂 100~200 克，分 3~4 次投喂，随着犊牛采食量的增加，逐渐增加每次的饲喂量和饲喂次数。这样可以避免一次性投喂过多，造成浪费和消化不良，同时也有助于培养犊牛规律的采食习惯。

2. 保持新鲜

开食料的新鲜度对于犊牛的健康和采食积极性有着重要影响。定期清理剩余的开食料，确保饲料的新鲜度。例如，每天检查料槽，及时清除变质或受潮的饲料，并定期对料槽进行清洁和消毒。防止饲料变质影响犊牛的健康和采食积极性。变质的饲料可能会导致犊牛腹泻、食欲不振等问题，严重影响其生长发育。

三、自然草料的引入

自然草料的引入作为一项关键技术，对于犊牛的健康成长和未来生产性能的发挥具有深远影响。随着养殖技术的不断进步和对犊牛生长发育需求的深入研究，科学合理地引入自然草料已成为提高犊牛养殖效益和质量的重要环节。

（一）自然草料引入的最佳时机

1. 1~3 月龄

此时犊牛的瘤胃开始具备一定的发酵和消化草料的能力。通常，犊牛在这个阶段会开始表现出对周围环境中固体物质的好奇和探索，尝试咀嚼一些草料或其他物体。通过观察犊牛的咀嚼动作，可判断何时引入自然草料。

2. 根据牙齿生长情况

当犊牛的门齿开始长出能够有效咀嚼草料时，可引入自然草料。一般门齿的萌出标志着其采食草料的生理条件逐渐成熟。例如，新长出的门齿可以帮助犊牛更好地切断和咀嚼草料，提高采食效率和消化能力。

3. 参考体重和体况

体重达到一定标准且体况良好的犊牛更能适应草料的引入。例如，体重达到 70~80 千克时，可考虑引入自然草料。这是因为体重较大的犊牛通常具有相对更发达的消化系统和更强的代谢能力，能够更好地处理和吸收草料中的营养成分。同时，体况良好的犊牛具有更好的免疫力和适应能力，能够更快地适应新的饲料。

（二）自然草料的种类选择

1. 优质禾本科牧草

如黑麦草、燕麦草等，富含碳水化合物和纤维。黑麦草的高纤维含量有助于促进犊牛的肠道蠕动，增加消化液的分泌，提高消化功能。而且，黑麦草的适口性较好，容易被犊牛接受。

2. 豆科牧草

像苜蓿、三叶草等，蛋白质含量较高。苜蓿可为犊牛提供优质蛋白质，促进肌肉和骨骼发育。其中的钙、磷等矿物质含量也较为丰富，对于犊牛的骨骼生长和牙齿发育具有重要意义。

3. 青贮饲料

保存了新鲜饲料的营养成分，且具有较好的适口性。青贮玉米能为犊牛提供丰富的能量来源，其发酵过程中产生的乳酸等有机酸有助于抑制有害菌的生长，维护肠道健康。

（三）自然草料的引入方式

1. 循序渐进原则

开始时提供少量新鲜、柔软的草料，观察犊牛的反应。逐渐增加草料的数量和种类，让犊牛逐步适应。例如，可以从每天提供100~200克的草料开始，每隔几天增加一定的量，直到犊牛能够自由采食。

2. 保持清洁和新鲜

确保提供的草料无霉变、无污染。定期清理剩余草料，防止腐败变质影响犊牛健康。因为霉变的草料可能含有霉菌毒素，会损害犊牛的肝脏、肾脏等器官，导致疾病的发生。

3. 与其他饲料搭配

将自然草料与精饲料、开食料等合理搭配。例如，按照一定比例混合，以保证营养的均衡供应。这样可以满足犊牛生长发育的各种营养需求，提高饲料的利用率。

四、分群管理

分群管理作为一项重要的饲养管理技术，在犊牛阶段的应用能够更好地满足犊牛的生理和心理需求，提高养殖效益。

（一）分群管理的重要性

1. 促进生长发育

合理分群有助于提供适宜的竞争和社交环境，激发犊牛的采食积极性，促进生长激素的分泌。

例如，在竞争环境中，犊牛会更努力地采食，从而摄入更多的营养，加快生长速度。

2. 提高饲料利用率

根据犊牛的生长阶段和营养需求进行分群，能够精准配制饲料，减少饲料浪费。

不同群的犊牛对营养的需求不同，精准投喂可以提高饲料的转化率。

3. 便于疾病防控

分群管理有利于对犊牛的健康状况进行监测和管理，一旦出现疾病能够及时隔离和治疗，防止疫情扩散。

例如，当一群犊牛中出现传染病时，可以迅速将该群隔离，避免感染其他群的犊牛。

（二）分群管理的注意事项

1. 减少应激

分群过程中要尽量减少对犊牛的应激，如避免粗暴驱赶、保持环境稳定等。应激可能导致犊牛免疫力下降，容易感染疾病。

2. 关注弱小个体

在分群后，要特别关注弱小犊牛的采食和健康状况，提供必要的额外照顾。可以通过单独补饲等方式，帮助弱小犊牛跟上群体的生长进度。

3. 加强卫生消毒

分群后的牛舍要进行彻底清洁和消毒，防止病原体传播。

定期对水槽、料槽等进行消毒，保持环境卫生。

第二节　育成牛

育成牛阶段通常指的是从犊牛断奶后到性成熟配种前这一时期的牛。

在这个阶段，牛的身体仍在持续生长发育，包括骨骼、肌肉、内脏器官等。其生理和营养需求不断变化，饲养管理的重点在于提供适宜的营养以支持生长，促进生殖系统的正常发育，同时通过合理的运动和管理来培养良好的行为习惯和健康状况，为后续的繁殖和生产性能的发挥打下基础。

育成牛阶段的具体年龄范围可能会因牛的品种、养殖日的和管理方式而有所不同。一般来说，奶牛的育成牛阶段为 6 月龄至初配年龄（通常 12~15 月龄），肉牛的育成牛阶段可能会持续到 18~24 月龄。

一、营养管理

育成牛阶段是牛生长发育的重要时期，在此期间，合理的营养管理对于育成牛的健康成长、生殖系统发育以及未来的生产性能具有决定性作用。随着饲养管理技术的不断创新和发展，对于育成牛营养管理的要求也日益精准和细化。

（一）优质粗饲料的利用

青贮料、干草等粗饲料提供纤维和部分营养，有助于维持瘤胃健康。选择优质的青贮料和干草，保证其新鲜度和营养价值。

（二）精饲料的搭配

根据育成牛的营养需求，合理搭配玉米、豆粕等精饲料成分。控制精饲料的比例，避免过度依赖精饲料导致瘤胃功能紊乱。

（三）饲料添加剂的使用

使用益生菌、益生元等添加剂改善肠道菌群平衡，提高饲料利用率。某些功能性添加剂如抗氧化剂、霉菌毒素吸附剂等有助于保障饲料质量和牛的健康。

二、适度运动与放牧

适度的运动与放牧不仅有助于育成牛的身体健康，还对其心理和行为发展具有积极影响。随着养殖技术的不断进步，对于育成牛运动与放牧的管理也有了新的要求和方法。

（一）适度运动与放牧的实施要点

1. 运动场地规划

设计合理的运动场地，包括足够的空间、平坦的地面和安全的围栏。根据育成牛的数量和体型，确保每头牛有足够的活动空间，避免拥挤和争斗。运动场地的面积应该根据育成牛的数量和活动需求来确定，一般每头牛至少需要 15~20 平方米的空间。场地地面要保持平坦，避免出现坑洼和积水，以减少育成牛受伤的风险。围栏要坚固耐用，高度适中，防止育成牛跳出或受到外界动物的侵害。

2. 放牧时间安排

根据季节、气候和牧草生长情况，合理安排放牧时间。避免高温、寒冷或恶劣天气条件下的放牧，确保育成牛的舒适和安全。在春季和秋季，天气较为温和，可以适当延长放牧时间；夏季要避开中午高温时段，选择清晨和傍晚进行放牧；冬季则要在白天阳光充足、气温较高的时候放牧。同时，要密切关注天气预报，在恶劣天气来临前及时将育成牛赶回圈舍。

3. 群体管理

根据育成牛的年龄、体重和性格等因素，合理分组进行运动和放牧。对于弱小或有特殊需求的育成牛，给予适当的关注和照顾。将年龄相近、体重相当、性格温顺的育成牛分为一组，可以减少群体内部的争斗和欺凌现象。对于身体较弱或患病的育成牛，可以单独安排在一个较小的区域进行运动和放牧，并给予特殊的饲料和护理，帮助它们尽快恢复健康。

（二）注意事项

1. 安全保障

定期检查运动场地和放牧区域的安全设施，防止育成牛受伤或走失。清除场地中的尖锐物体、深坑等危险因素，确保牛群的安全。安装牢固的围栏和门，避免育成牛逃脱或与外界动物发生冲突。同时，要设置明显的标识和警示标志，提醒工作人员和外来人员注意安全。

2. 疾病防控

在运动和放牧前后，进行必要的消毒和防疫措施，预防疾病传播。定期对育成牛进行体检和驱虫，保障牛群的健康。为育成牛接种相应的疫苗，预防传染病的发生。在放牧区域，要避免与其他养殖场的牛群接触，防止交叉感染。回到圈舍后，要对育成牛的身体进行清洁和消毒，减少病原体的携带和传播。

三、繁殖管理

随着养殖技术的不断进步和创新，一系列新的理念和方法在育成牛的繁殖管理中得到应用，为提高繁殖效率和质量提供了有力支持。在这个关键阶段，科学合理的繁殖管理不仅能够确保育成牛适时进入繁殖周期，还能为其后续的生产性能和繁殖潜力奠定良好基础。

（一）初情期管理

1. 影响初情期的因素

良好的营养状况对于育成牛正常进入初情期至关重要。如果营养摄入不足，特别是蛋白质、能量和矿物质的缺乏，会导致身体生长和生殖系统发育迟缓。相反，过度肥胖会使体内脂肪堆积，影响激素的正常分泌和代谢，同样可能推迟初情期的到来。此外，环境因素如季节变化、光照时间和强度、牛舍的舒适度等也会对初情期产生影响。

2. 促进初情期的措施

通过合理的饲养、光照控制和运动等方法来促进育成牛初情期的提前到来。例如，适当增加光照时间可以刺激激素分泌，促进性成熟。合理的饲养方案应根据育成牛的生长阶段和营养需求进行调整，提供均衡的营养。同时，控制光照时间，一般每天保证 16 小时左右的光照，有助于调节激素分泌，促进卵巢的发育。适度的运动可以增强育成牛的体质，改善血液循环，对生殖系统的发育也有积极的促进作用。

（二）配种策略

1. 自然交配与人工授精的选择

比较自然交配和人工授精两种方式的优缺点，为养殖者提供选择依据。例如，人工授精可以更好地控制种公牛的品质和遗传特性。自然交配具有操作简单、成本较低的优点，但存在种公牛选择范围有限、疾病传播风险高等缺点。人工授精则可以充分利用优秀种公牛的基因，提高后代的品质，同时减少疾病传播的风险。但人工授精需要专业的技术和设备，操作相对复杂，成本也较高。

2. 配种时间的确定

根据发情鉴定结果和育成牛的生理状况，确定最佳的配种时间。配种时间的选择对于受孕成功率和胚胎质量至关重要。一般来说，在发情后的 12～18 小时内进行配种较为适宜。过早配种，卵子可能尚未成熟，受精能力差；过晚配种，卵子可能已经老化，也会降低受孕率。此外，育成牛的健康状况、营养水平等因素也会影响配种时间的选择，需要综合考虑。

第三节 妊娠母牛

一、妊娠母牛的营养需求分析

（一）不同妊娠阶段的营养特点

妊娠早期，胚胎发育相对缓慢，营养需求主要维持母牛自身的基础代谢。此时，母牛的食欲可能稍有变化，但总体营养需求增加不明显。然而，这并不意味着可以忽视早期的营养供应，优质的蛋白质、矿物质和维生素对于维持胚胎的稳定和健康发育仍然至关重要。

妊娠中期，胎儿开始快速生长，对蛋白质、矿物质等的需求逐渐增加。器官形成和骨骼发育加速，需要充足的氨基酸来构建蛋白质结构，钙、磷等矿物质用于骨骼硬化。同时，母牛的体重也开始明显增加，能量需求相应上升。

妊娠后期，胎儿增重迅速，母牛需要大量的能量、蛋白质、钙、磷等营养物质。这一阶段是胎儿生长的关键时期，70%~80%的胎儿体重在此时增长。母牛不仅要为胎儿提供丰富的营养，还要为产后泌乳储备能量和营养物质，如脂肪的蓄积和钙在骨骼中的沉积等。

（二）母体自身的营养储备与消耗

母牛在妊娠期间不仅要为胎儿提供营养，还要为产后泌乳进行营养储备。例如，乳腺组织的发育需要特定的营养成分，如氨基酸和脂肪酸。同时，妊娠过程也会导致母体自身的营养消耗，如钙的流失等。为了维持自身的生理平衡和健康，母牛需要从饲料中摄取足够的营养来补充这些消耗。此外，妊娠会引起母牛体内激素水平的变化，这也会影响营养物质的代谢和分配。

二、特殊营养元素补充

（一）微量矿物质的作用

铁、锌、铜等微量矿物质在免疫、造血和生殖等方面发挥关键作用。铁是血红蛋白的组成成分，对于氧气运输和能量代谢至关重要。锌参与细胞分裂和蛋白质合成，对胎儿的生长和母牛的生殖功能有重要影响。铜在胶原蛋白合成和抗氧化防御中起作用。

根据母牛生长的土壤环境和饲料来源，评估微量矿物质的缺乏情况并进行针对性补充。不同地区的土壤中微量矿物质含量差异较大，饲料中的微量矿物质含量也会受到种植方式、加工过程等因素的影响。通过血液检测、饲料分析等手段，可以评估母牛体内微量矿物质的水平，进而确定是否需要补充以及补充的剂量。

（二）功能性脂肪酸的添加

ω-3 和 ω-6 脂肪酸对胎儿神经系统发育和母牛的炎症调节有益。ω-3 脂肪酸如亚麻酸，有助于胎儿大脑和视网膜的发育。ω-6 脂肪酸如亚油酸，参与免疫调节和细胞膜的构成。

选择合适的油脂来源，如亚麻籽、鱼油等，进行适量添加。这些油脂富含 ω-3 和 ω-6 脂肪酸，但添加要适量，过量可能会影响瘤胃功能或导致其他代谢问题。同时，要注意油脂的保存和使用方法，避免氧化变质。

三、营养定制方案的动态调整

（一）定期评估母牛体况

通过体况评分、体重监测等方法，及时了解母牛的营养状况。体况评分可以直观地反映母牛的脂肪沉积和肌肉状况，体重监测则能够准确反映营养摄入与消耗的平衡情况。结合这两种方法，可以全面评估母牛的营养状态。

根据评估结果调整饲料配方和营养供给量。如果母牛体况过瘦，可能需要增加能量和蛋白质的供应；如果体况过肥，则需要适当减少精饲料的比例，增加运动量。同时，要根据体重的变化调整饲料量，确保母牛在不同妊娠阶段保持适宜的体况。

（二）环境变化与营养调整

季节变化、气温波动等环境因素影响母牛的采食量和代谢率。在夏季高温时，母牛的食欲可能下降，需要提供清凉、适口性好的饲料，并增加饮水量。冬季寒冷时，母牛为了维持体温，能量消耗增加，饲料中的能量含量应相应提高。

相应地调整营养方案，以适应环境变化对营养需求的影响。此外，不同地区的气候和环境条件也会影响饲料的营养价值和可获得性。例如，在干旱地区，粗饲料的质量可能较差，需要更多地依赖精饲料来补充营养。

（三）疾病与应激状态下的营养干预

母牛患病或处于应激状态时，营养需求发生改变。例如，在感染疾病时，母牛的免疫系统会被激活，需要更多的蛋白质、维生素和矿物质来支持免疫反应。应激状态如运输、转群等，会导致体内激素水平变化，增加能量的消耗。

增加营养物质的供应，特别是能量和免疫相关的营养成分，帮助母牛恢复健康。可以通过提高饲料的能量密度、添加免疫增强剂等方式来满足母牛在疾病和应激状态下的特殊营养需求。同时，要密切观察母牛的恢复情况，及时调整营养方案。

第四节 哺乳期母牛

哺乳期母牛在牛群生产中具有至关重要的地位，其饲养管理的质量直接影响母牛自身的健康、产奶量以及犊牛的生长发育。在这个阶段，母牛不仅要为犊牛提供充足的优质乳汁，还要尽快恢复自身的体力和生殖机能，为下一个繁殖周期做好准备。因此，科学合理的饲养管理对于提高母牛的生产性能和养殖效益具有极其重要的意义。

一、哺乳期母牛的健康管理

（一）乳房保健

定期检查乳房，预防乳房炎等疾病的发生。乳房炎是哺乳期母牛最常见的疾病之一，不仅会影响产奶量和牛奶质量，还会给母牛带来极大的痛苦。通过定期的手工检查和仪器检测，如超声检查，可以在早期发现乳房的异常变化，如肿块、红肿、发热等。

正确的挤奶操作和乳头消毒，减少感染风险。挤奶前，对乳头进行清洁和消毒，挤奶过程中，避免过度挤奶和粗暴操作，挤奶后，及时使用有效的消毒剂对乳头进行浸泡或喷雾处理，能够有效降低细菌感染的机会。

（二）疾病防控

加强免疫接种，预防传染病的侵袭。根据当地的疫病流行情况和母牛的免疫状态，制订科学合理的免疫程序，按时接种口蹄疫、布鲁氏菌病、结核病等疫苗，提高母牛的特异性免疫力。

及时治疗常见疾病，如产后感染、消化系统疾病等。产后感染是母牛产后常见的并发症之一，包括子宫炎、阴道炎等。一旦发现感染症状，应立即使用抗生素进行治疗，并配合子宫冲洗等局部治疗措施。消化系统疾病，如瘤胃积食、瘤胃臌气等，多由饲料的突然变化、采食过量等原因引起，需要及时调整饲料配方，采取相应的治疗方法，如灌服药物、瘤胃穿刺等。

（三）身体恢复监测

观察母牛产后身体恢复情况，包括子宫复旧和体力恢复。子宫复旧是指产后子宫恢复到未孕时的大小和形态，通常需要21~35天。通过定期的直肠检查，可以评估子宫的大小、质地和位置，判断子宫复旧是否正常。体力恢复则可以通过观察母牛的精神状态、食欲、行动能力等方面来进行评估。

通过血液指标和身体检查评估健康状况。定期采集母牛的血液样本，检测血常规、生化指标等，如白细胞计数、血红蛋白含量、血钙浓度、血糖水平等，可以了解母牛的营养状况、免疫功能和代谢状态。同时，结合身体检查，如听诊心肺、触诊腹部等，全面评估母牛的健康状况。

二、哺乳期母牛的挤奶管理

（一）挤奶设备与技术

选择先进、合适的挤奶设备，确保高效和卫生的挤奶过程。现代化的挤奶设备，如转盘式挤奶机、鱼骨式挤奶机等，能够大大提高挤奶效率，减少人工劳动强度。同时，设备的材质和设计应符合卫生标准，易于清洁和消毒，防止细菌滋生和传播。

培训专业的挤奶人员，掌握正确的挤奶手法和节奏。挤奶人员应经过专业的培训，了解母牛的乳房结构和生理特点，掌握正确的挤奶顺序、力度和时间。在挤奶过程中，要保持温和、耐心，避免对母牛造成不必要的刺激和伤害。

（二）挤奶频率与时间

根据母牛的产奶量和乳房状况，确定合理的挤奶频率。一般来说，高产奶牛每天挤奶3~4次，中低产奶牛每天挤奶2~3次。挤奶间隔时间应尽量均匀，以保持乳房内压力的稳定，促进乳汁的持续分泌。

严格遵守挤奶时间，避免过长或过短影响产奶量和乳房健康。每次挤奶时间应控制在 5~8 分钟，过长会导致乳头损伤和乳房炎的发生风险增加，过短则不能充分挤净乳汁，影响产奶量。

三、哺乳期母牛的繁殖恢复

（一）发情监测

采用先进的发情监测技术，如激素检测、行为观察等。激素检测可以通过测定母牛血液或乳汁中的孕酮、雌激素等激素水平，准确判断发情时间。行为观察则包括母牛的爬跨行为、外阴红肿、食欲不振等表现。此外，还可以使用计步器、电子监测系统等设备，实时监测母牛的活动量和行为变化，提高发情监测的准确性和及时性。

准确判断发情时间，提高配种成功率。发情时间的准确判断对于配种成功至关重要。一般来说，母牛发情后 12~24 小时是最佳的配种时间。通过综合运用多种发情监测技术，可以更准确地把握这个时间窗口，提高受孕率。

（二）配种时机

根据母牛的产后恢复情况和发情表现，选择最佳的配种时机。母牛产后需要一定的时间来恢复生殖机能，过早配种可能导致受孕率低、胚胎死亡等问题，过晚配种则会延长产犊间隔，降低养殖效益。一般来说，产后 60~90 天，母牛身体恢复良好，发情正常，即可进行配种。

考虑产奶量和身体状况，避免对母牛造成过大负担。在选择配种时机时，要充分考虑母牛的产奶量和身体状况。如果产奶量过高或身体尚未完全恢复，应适当推迟配种时间，以确保母牛有足够的体力和营养来支持妊娠和产奶。

（三）繁殖障碍处理

及时诊断和处理可能出现的繁殖障碍，如不发情、受孕困难等。不发情可能是由于营养不良、激素失调、子宫疾病等原因引起，需要通过改善饲养管理、激素治疗、疾病治疗等方法进行处理。受孕困难则可能与精液质量、配种技术、母牛生殖系统疾病等有关，需要进行全面的检查和分析，采取针对性的治疗措施。

采取相应的治疗措施和繁殖管理调整。对于繁殖障碍的母牛，应根据具体病因制订个性化的治疗方案。同时，对繁殖管理措施进行调整，如优化饲料配方、加强运动、改善环境等，提高母牛的繁殖性能。

第五节　公　牛

公牛在牛群繁育和养殖生产中扮演着至关重要的角色。其质量和性能不仅直接影响牛群的繁殖效率和后代品质，还对整个养殖场的经济效益和可持续发展具有深远影响。

一、公牛的健康维护

（一）疾病预防与免疫接种

制订系统的免疫计划，预防常见传染病。根据当地疫病流行情况和公牛的年龄、品种等因素，选择合适的疫苗进行接种。例如，口蹄疫疫苗、布鲁氏菌病疫苗等都是常见的预防接种项目。同时，要严格按照疫苗的使用说明和接种程序进行操作，确保免疫效果。

定期进行寄生虫检测与防控。寄生虫感染会导致公牛营养不良、体质下降和繁殖性能受损。通过定期采集粪便样本进行寄生虫卵检测，能够及时发现感染情况，并采取相应的驱虫措施。常见的驱虫药物包括阿苯达唑、伊维菌素等，要注意合理的用药剂量和用药间隔。

（二）定期体检与疾病监测

检查生殖器官的健康状况，及时发现潜在问题。定期对公牛的睾丸、附睾、阴茎等生殖器官进行触诊和外观检查，观察有无肿胀、炎症、损伤等异常情况。同时，利用超声波等技术手段对生殖器官进行更深入的检查，评估其内部结构和功能。

利用新技术进行早期疾病诊断，如基因检测。基因检测技术能够快速准确地检测出公牛携带的遗传疾病基因，为早期干预和淘汰提供依据。此外，还可以通过血液生化指标检测、影像学检查等方法，全面监测公牛的健康状况，做到早发现、早治疗。

（三）口腔与蹄部护理

保持口腔清洁，预防牙齿疾病。定期检查公牛的口腔，清除食物残渣和牙结石，预防牙龈炎、龋齿等疾病的发生。对于牙齿磨损严重或畸形的公牛，要及时进行修整或治疗，以保证正常的采食和消化。

定期修剪蹄甲，确保行走正常。过长或变形的蹄甲会影响公牛的行走姿势和蹄部健康，容易引发蹄炎、跛行等问题。定期修剪蹄甲，并进行蹄部消毒和护理，能够有效预防蹄部疾病，提高公牛的活动能力和舒适度。

二、公牛的繁殖性能管理

（一）精液质量评估

运用先进的检测设备和方法，评估精液的活力、密度等指标。采用计算机辅助精液分析系统（CASA）等高科技设备，能够精确测量精子的运动速度、直线运动率、曲线运动率等参数，以及精子的密度、形态等指标。这些详细的评估数据为判断精液质量提供了科学依据。

建立精液质量档案，跟踪变化趋势。定期对公牛的精液进行检测，并将结果记录在档案中，通过长期的数据积累和分析，可以观察到精液质量的变化趋势。有助于及时发现问题，调整饲养管理措施或采取治疗手段，以保持良好的精液质量。

（二）配种管理策略

合理安排配种频率，避免过度使用。过度配种会导致公牛疲劳和精液质量下降，影响繁殖效率。根据公牛的年龄、体质和精液质量，制订合理的配种计划，一般成年公牛以每周配种1~2次为宜。

根据公牛的特点和母牛的需求，选择最佳的配种方式。目前常见的配种方式包括自然交配和人工授精。自然交配适用于小规模养殖场或特定品种的公牛；人工授精则具有操作灵活、能充分利用优秀种公牛基因等优点，在大规模养殖场中应用广泛。在选择配种方式时，要综合考虑各种因素，以达到最佳的繁殖效果。

（三）性成熟与初配时间

准确判断公牛的性成熟阶段，确定适宜的初配年龄。公牛的性成熟通常表现为睾丸增大、能够产生有受精能力的精子等特征。但性成熟并不意味着可以立即进行配种，还需要考虑其身体发育和生殖系统的成熟程度。一般来说，公牛的初配年龄在12~18个月，但具体时间因品种、饲养管理条件等因素而有所差异。过早配种会影响公牛的生长发育和终身繁殖性能，过晚配种则会造成资源浪费。

第六节　后备牛

后备牛是牛群持续发展和更新的重要储备力量。优质的后备牛能够顺利接替老牛，维持牛群的生产规模和稳定性能。例如，健康且发育良好的后备母牛能更早进入繁殖周期，提高产奶量和繁殖效率。一头优秀的后备母牛在其整个生产寿命中，可能比发育不良的母牛多产数千升的牛奶，为养殖场带来显著的经济效益。

一、后备牛的营养需求

（一）蛋白质和能量的供给

根据生长阶段和体重，合理调整蛋白质和能量的比例。在快速生长期，需要较高的蛋白质和能量来支持肌肉和骨骼的生长。例如，对于体重快速增加的育成期后备牛，饲料中的蛋白质含量应达到16%~18%，能量水平也要相应提高，以满足其生长需求。但要注意避免过度供给，造成营养浪费和代谢疾病。

（二）矿物质和维生素的平衡

矿物质如钙、磷、锌等以及维生素A、维生素D、维生素E等对于后备牛的健康和正常生理功能至关重要。例如，钙磷比例失调会影响骨骼发育，导致佝偻病等疾病。维生素A缺乏会影响视力和上皮组织的健康，维生素E则对生殖系统的正常发育和免疫功能起着关键作用。在实际饲养中，要根据饲料原料的营养成分和后备牛的生长状况，合理添加矿物质和维生素添加剂，以确保营养平衡。

（三）饲料的选择与调配

优质的青贮料、干草和精饲料的合理搭配，满足后备牛的营养需求。同时，要注意饲料的质量和安全性。青贮玉米富含能量和纤维，苜蓿干草富含蛋白质和钙，而豆粕等精饲料则是优质的蛋白质来源。合理搭配这些饲料，能够提供全面的营养。

二、后备牛的健康管理

（一）疾病预防与免疫接种

制订完善的免疫程序，预防常见传染病的发生。定期进行驱虫和疫病监测，保障后备牛的健康。例如，根据当地疫病流行情况，为后备牛接种口蹄疫、布鲁氏菌病等疫苗。同时，每 3~6 个月进行 1 次体内外驱虫，预防寄生虫感染。定期采集血液和粪便样本进行疫病监测，及时发现潜在的健康问题。

（二）环境卫生与消毒

保持牛舍的清洁、干燥和通风良好，定期进行消毒，减少病原体的滋生和传播。每天清理粪便和尿液，定期更换垫料，保持牛舍地面的干燥和卫生。每周至少进行 1 次全面消毒，使用有效的消毒剂对牛舍、器具和场地进行消毒。合理的通风系统能够降低氨气等有害气体的浓度，改善空气质量，减少呼吸道疾病的发生。

（三）应激管理

减少运输、转群等过程中的应激反应，通过合理的操作和使用抗应激药物来降低其影响。在运输前，要让后备牛适应运输车辆和环境，提供充足的饮水和饲料。运输过程中，保持车辆的平稳和适宜的温度、湿度。到达目的地后，给予后备牛一定的休息时间和适应期，再进行合群和饲养管理。在转群时，尽量选择在夜间或天气凉爽的时候进行，减少惊扰。同时，可以在饲料或饮水中添加维生素 C、电解质等抗应激药物，缓解应激反应。

三、后备牛的繁殖管理

（一）初情期的监测与调控

密切关注后备牛的初情期，通过营养和环境调控，使其在适宜的年龄达到初情期。例如，提供充足的光照和适当的运动，有助于促进生殖激素的分泌，提前初情期。营养方面，保证蛋白质、能量和矿物质的平衡供应，避免过度肥胖或消瘦，影响生殖系统发育。当后备牛达到一定体重和年龄仍未出现初情期时，可以采取激素处理等方法进行诱导。

(二) 配种时机的选择

根据体重、体况和年龄等因素，准确把握配种时机，提高受孕率和繁殖效率。一般来说，后备母牛体重达到成年体重的55%~65%，年龄在12~15个月时可以进行配种。但也要综合考虑个体的生长发育情况和季节因素。例如，在夏季高温季节，配种时间可以适当推迟，以提高受孕率。配种前要对后备牛进行发情鉴定，采用观察行为、直肠检查等方法，确定最佳配种时间。

(三) 妊娠管理

在妊娠期间，提供适宜的营养和环境，做好保胎和产前准备工作。妊娠前期，保持中等营养水平，防止流产。妊娠后期，逐渐增加营养供给，满足胎儿生长和母体自身的需要。同时，要提供安静、舒适的环境，避免惊吓和剧烈运动。产前2~3周，将待产后备牛转入产房，做好消毒和接产准备工作。

第七节　奶　牛

一、奶牛的品种与特点

(一) 常见奶牛品种介绍

目前，在奶牛养殖领域，常见的品种如荷斯坦牛、娟姗牛等各有其独特之处。荷斯坦牛以其卓越的产奶量而闻名，成年母牛年均产奶量可达7~9吨，甚至更高。其体型高大，毛色多为黑白花。娟姗牛则以乳脂率高为显著特点，牛奶中的乳脂和乳蛋白含量丰富，口感浓郁。此外，还有一些其他品种，如瑞士褐牛、更赛牛等，也在特定地区和养殖模式中发挥着重要作用。

(二) 奶牛的生理特点

奶牛的消化系统较为特殊，拥有一个庞大的瘤胃，瘤胃中的微生物群落对于饲料的发酵和消化起着关键作用。奶牛的生殖系统也有其复杂性，发情周期相对固定，但受营养、环境等因素影响较大。例如，在营养不足或环境应激的情况下，奶牛可能会出现发情不明显或排卵异常的现象。

二、奶牛的营养需求

（一）能量与蛋白质需求

奶牛在不同泌乳阶段和生理状态下，对能量和蛋白质的需求差异显著。在干奶期，奶牛需要适当的能量储备来维持自身的代谢和胎儿的发育，但能量摄入不宜过高，以免导致过度肥胖。泌乳初期，由于产奶量迅速上升，奶牛对能量和蛋白质的需求达到高峰，此时应提供高能量、高蛋白的饲料，如优质的青贮料和精饲料。在泌乳高峰期，奶牛的产奶量达到最高，对能量和蛋白质的需求持续旺盛，需要保证充足的供给。而到了泌乳后期，随着产奶量逐渐下降，能量和蛋白质的摄入量可以适当调整，但仍要满足奶牛身体恢复和为下一个泌乳期做准备的需求。

（二）矿物质与维生素供给

矿物质如钙、磷、钾等对于奶牛的骨骼发育、乳汁合成和生理代谢至关重要。钙和磷的比例失衡可能导致奶牛产后瘫痪等疾病。维生素 A、维生素 D、维生素 E 等在奶牛的免疫功能、生殖系统健康和抗氧化方面发挥着重要作用。例如，维生素 A 缺乏会影响奶牛的视力和上皮组织的完整性，增加感染疾病的风险；维生素 D 不足会影响钙磷的吸收和利用，导致骨骼疾病；维生素 E 具有抗氧化功能，缺乏时可能导致奶牛繁殖性能下降。

（三）水的重要性

水对于奶牛来说是不可或缺的。一头成年奶牛每天的饮水量通常在 50~100 升，产奶量高的奶牛饮水量更大。充足且清洁的饮水对于奶牛的消化过程至关重要，它有助于饲料在瘤胃中的发酵和消化，促进营养物质的吸收。同时，水也是乳汁的主要成分，直接影响产奶量和奶的质量。在炎热的夏季，奶牛的饮水量会显著增加，若饮水不足，奶牛会出现食欲减退、产奶量下降等问题。

三、奶牛的挤奶管理

（一）挤奶设备与操作

先进的挤奶设备如转盘式挤奶机、鱼骨式挤奶机等能够提高挤奶效率和牛奶质量。在操作过程中，要确保设备的清洁和正常运行，严格遵守挤奶程序，如乳头消毒、预挤奶、套杯、脱杯等。挤奶人员要经过专业培训，掌握正确的挤奶手法和力度，避免对乳头造成损伤。

（二）挤奶频率与时间

奶牛的挤奶频率和时间应根据其泌乳阶段和产奶量来确定。一般来说，高产奶牛每天挤奶 3 次，中产奶牛 2~3 次，低产奶牛 2 次。每次挤奶的时间不宜过长或过短，通常在 5~10 分钟。合理的挤奶安排有助于维持奶牛的正常泌乳反射，提高产奶量和奶品质。

（三）乳房保健

乳房保健对于预防乳房炎等疾病至关重要。挤奶前后要对乳房进行清洁和按摩，保持乳头的清洁和干燥。定期进行乳头药浴，使用有效的消毒剂杀灭乳头表面的病原体。对于患有乳房炎的奶牛，要及时治疗，防止病情恶化和传播。

第八节 肉 牛

一、肉牛的品种特性

（一）常见肉牛品种介绍

在肉牛养殖领域，常见的品种如西门塔尔牛、夏洛莱牛、利木赞牛等各有独特的优势和特点。西门塔尔牛原产于瑞士，其体格高大，肌肉丰满，毛色多为黄白花或淡红白花。该品种不仅具有出色的产肉性能，还具备一定的乳用潜力，适应范围广泛。夏洛莱牛源于法国，是举世闻名的大型肉牛品种，其全身毛色为白色或乳白色，骨骼粗壮，背腰宽厚，肌肉发达，生长速度极快，瘦肉率高。利木赞牛原产于法国利木赞高原，体型较大，头短额宽，四肢粗壮，毛色多为红色或黄色。其产肉性能高，肉质细嫩，脂肪含量适中。

（二）品种选择的考虑因素

在选择肉牛品种时，需要综合多方面因素进行考量。首先，当地的气候条件至关重要。例如，在寒冷地区，应选择耐寒性较强的品种；而在炎热潮湿的地区，则要挑选适应高温高湿环境的类型。市场需求也是关键因素之一，不同地区对牛肉的品质、口感和用途有不同的偏好。若市场对高档牛肉的需求较大，可能更倾向于选择肉质优良的品种。养殖目的也会影响品种选择，如果是以短期育肥快速出栏为目标，生长速度快的品种可能更为合适。

二、肉牛的营养需求

（一）不同生长阶段的营养需要

肉牛在其生长过程中，不同阶段的营养需求存在显著差异。犊牛期，由于其消化系统尚未完全发育成熟，对蛋白质、矿物质和维生素的需求较高，以支持身体器官的发育和免疫系统的建立。育成期，随着骨骼和肌肉的快速生长，对蛋白质和能量的需求逐渐增加，同时需要充足的钙、磷等矿物质来促进骨骼的硬化。进入育肥期，为了快速增加体重和沉积脂肪，能量的供应成为关键，饲料中的精料比例会相应提高，但仍要注意蛋白质的质量和矿物质、维生素的平衡，以避免出现代谢性疾病。

（二）饲料的种类与搭配

青贮料是肉牛重要的饲料来源之一，如青贮玉米，富含纤维和一定的能量，有助于维持瘤胃的正常功能。干草如苜蓿干草，富含蛋白质和钙，能够提供丰富的营养。精饲料如玉米、豆粕等，能量和蛋白质含量较高，在育肥期的作用尤为突出。合理搭配这些饲料至关重要。例如，在育成期，青贮料和干草的比例可以相对较高，搭配适量的精饲料；而在育肥期，则应增加精饲料的比例，但青贮料和干草也不可缺少，以保证瘤胃的健康。

（三）饲料添加剂的应用

饲料添加剂在肉牛饲养中发挥着重要作用。益生菌可以改善瘤胃微生物群落，增强消化功能，提高饲料利用率。酶制剂能够帮助肉牛分解饲料中的复杂成分，使其更容易吸收。矿物质补充剂如硒、锌等，对于维持肉牛的生理功能和免疫能力不可或缺。以硒为例，缺乏硒会导致肉牛出现白肌病，影响生长和健康。同时，使用饲料添加剂时要严格遵循使用规范，避免过量添加造成不良影响。

三、饲养管理

（一）肉牛的不同生长阶段饲养管理

1. 犊牛期（0~6 个月）

（1）初乳喂养。犊牛出生后的 1~2 小时内，应尽快让其吃到初乳。初乳富含免疫球蛋白和营养物质，有助于提高犊牛的免疫力。

（2）常乳喂养。在初乳期过后，逐渐过渡到常乳喂养。要保证奶的质量和温度适宜。

（3）开食料引入。在 1 周龄左右，可以开始引入优质的开食料，刺激瘤胃发育。

（4）环境管理。提供温暖、干燥、清洁的环境，定期更换垫料。

2. 育成期（6~18 个月）

（1）饲料调整。逐渐增加粗饲料的比例，如青贮料和干草。

（2）分群饲养。根据体重、性别等进行分群，便于管理和饲养。

（3）驱虫保健。定期进行驱虫，预防寄生虫感染。

3. 育肥期（18 个月以上）

（1）高能饲料。增加精饲料的比例，提供充足的能量和蛋白质。

（2）限制运动。减少不必要的运动，以提高能量的沉积和育肥效果。

（3）定期称重。监控体重增长情况，及时调整饲料配方。

（二）饲料的选择与调配

1. 粗饲料

（1）青贮玉米。营养丰富，适口性好。例如，在青贮制作时，选择在玉米乳熟期至蜡熟期进行收割，能保证青贮的质量和营养价值。

（2）苜蓿干草。蛋白质含量较高，是优质的粗饲料。

（3）麦秸、稻草。来源广泛，但营养价值相对较低，可适量搭配使用。

2. 精饲料

（1）玉米。能量饲料的主要来源，易于消化吸收。

（2）豆粕。优质植物蛋白，氨基酸组成平衡。

（3）棉籽粕、菜籽粕。使用时要注意控制用量，以防有毒物质的影响。

3. 饲料调配原则

（1）营养均衡。根据肉牛的生长阶段和体重，合理搭配粗饲料和精饲料，满足其营养需求。

（2）适口性。选择肉牛喜欢采食的饲料原料，提高采食量。

（三）各阶段饲养管理

1. 犊牛期（0~6个月）

出生后1小时内尽快让犊牛吃上初乳，初乳中的免疫球蛋白能增强犊牛的免疫力。初乳的喂量应根据犊牛的体重和食欲进行调整。

1~2周后开始训练犊牛采食开食料和优质干草。开食料应由易消化、营养丰富的原料制成。

保持圈舍清洁、干燥、温暖，定期消毒，防止疾病发生。

3~4月龄时可逐渐减少牛奶或代乳粉的饲喂量，增加开食料和干草的摄入量。

例如，一头1月龄的犊牛，每天可喂4~6升初乳，同时提供少量的开食料让其自由采食。

2. 育成期（6~18个月）

此阶段应以粗饲料为主，搭配适量的精饲料。粗饲料可选择优质的青贮料、干草等。

分群饲养，根据体重、性别等因素合理分组，便于管理和投喂。

提供充足的清洁饮水，保证牛只随时能喝到水。

定期进行驱虫和防疫。

例如，对于一群10~12月龄的育成牛，粗饲料可占日粮的70%~80%，精饲料占20%~30%。

3. 育肥期（18个月至出栏）

前期（18~24个月）：采用中等营养水平的日粮，逐渐增加精饲料比例，使牛适应育肥饲料。

中期（24~30个月）：提高精饲料比例，可占日粮的60%~70%，同时注意饲料的适口性和消化率。

后期（30个月至出栏）：进一步增加精饲料，保证牛只快速增重，但要注意防止过肥。

例如，在育肥后期，每天每头牛的精饲料摄入量可达到
3~5千克。

4. 母牛妊娠期

妊娠前期（0~6个月）：保持中等营养水平，避免过度
肥胖。

妊娠后期（6~9个月）：增加营养供应，特别是蛋白质、
矿物质和维生素。

注意观察母牛的健康状况，预防流产。

例如，妊娠后期的母牛，精饲料的摄入量可比前期增加
20%~30%。

5. 母牛哺乳期

产后及时补充营养，促进体质恢复。

保证充足的优质粗饲料和精饲料供应，以满足产奶和自身
恢复的需要。

按照产奶量调整饲料配方。

例如，一头日产奶20千克的母牛，每天的精饲料摄入量
应在5~7千克。

总之，科学合理的各阶段肉牛饲养管理，能够提高肉牛的
生长速度、肉质品质和养殖效益。

四、疫病防控

（一）疫苗接种

深入了解当地疫病的流行态势，结合肉牛的年龄、品种、
健康状况以及养殖场的环境条件等因素，精心制订个性化且科
学合理的疫苗接种方案。

以口蹄疫疫苗为例，幼牛通常在出生后的2~3个月进行
首次接种，随后每隔4~6个月进行1次加强免疫，以维持较

高的抗体水平，有效预防口蹄疫的感染。

对于牛瘟疫苗，所有肉牛都必须严格按照规定的免疫程序按时接种。一般来说，首次免疫在出生后 1 个月左右进行，之后每 1~2 年加强免疫 1 次，从而构建坚实的群体免疫防线。

（二）环境卫生

每天定时、彻底清理牛舍内的粪便、尿液和其他杂物，保持地面干燥、清洁。同时，每周至少对牛舍进行 1 次大扫除，包括墙壁、顶棚等部位的清洁。

制订详细的消毒计划，定期对牛舍、水槽、食槽、工具等进行全面消毒。消毒频率应根据季节和疫病流行情况进行调整，在疫病高发期可适当增加消毒次数。

合理选择和交替使用不同类型的消毒剂，以提高消毒效果。例如，过氧乙酸具有广谱、高效的杀菌作用，适合用于空间喷雾消毒；氢氧化钠溶液则对细菌、病毒和寄生虫卵有较强的杀灭能力，常用于地面和墙壁的消毒，但使用时需注意防护和安全操作。

（三）饲养密度

充分考虑牛的体型、活动需求和生长阶段，合理规划每头牛的空间。育肥牛每头牛的占地面积不应少于 3~4 平方米，而繁殖母牛则需要更大的空间。

对于大规模养殖场，要科学划分养殖区域，避免不同年龄、性别和健康状况的牛群过度集中，以减少疫病传播的风险。

定期评估饲养密度是否合理，根据牛群的生长和数量变化及时调整养殖布局。

（四）疫病监测

养殖人员需接受专业培训，熟练掌握观察肉牛健康状况的方法和技巧。每天至少进行两次细致的巡查，密切关注肉牛的精神状态、采食情况、反刍行为、粪便性状以及体温变化等。

一旦发现肉牛出现食欲不振、精神萎靡、发热、咳嗽、腹泻等异常症状，应立即将其隔离到专门的隔离区域，并迅速联系兽医进行现场诊断和采样检测。

建立常态化的实验室检测机制，定期采集牛群的血液、粪便、鼻拭子等样本，进行病原体检测和抗体水平监测。对于检测结果异常的牛只，及时采取相应的防控措施。

（五）饲料与水源管理

严格把控饲料的采购渠道，选择质量可靠、无霉变的饲料原料。在饲料储存过程中，注意防潮、防虫、防鼠，定期检查饲料的质量。

根据肉牛的生长阶段和营养需求，科学配制饲料，确保饲料营养均衡、全面。同时，合理添加维生素、矿物质和益生菌等营养补充剂，增强肉牛的免疫力。

水源方面，优先选择清洁的自来水或经过净化处理的井水作为饮用水源。定期对饮水设施进行清洗和消毒，防止水源受到污染。

五、繁殖管理

（一）母牛的发情鉴定

1. 外部观察法

观察母牛的行为变化，如兴奋不安、哞叫、爬跨其他母牛、食欲减退等，同时注意其外阴部的肿胀、充血和分泌黏液的情况。

2. 直肠检查法

通过直肠触摸母牛的卵巢和子宫，判断卵泡的发育情况和子宫的变化，这是较为准确的发情鉴定方法，但需要专业人员操作。

（二）配种管理

1. 配种时间

根据发情鉴定结果，在母牛发情后的适宜时间进行配种。

一般来说，母牛发情后 12~18 小时为最佳配种时间。

2. 配种方式

包括自然交配和人工授精。人工授精具有提高优良种公牛利用率、减少疾病传播等优点。

3. 精液质量

采用人工授精时，要确保精液的质量符合标准，包括精子活力、密度和畸形率等指标。

（三）妊娠期管理

1. 营养供给

根据母牛的妊娠阶段调整饲料配方，提供充足的蛋白质、矿物质和维生素。特别是在妊娠后期，增加营养供应，以满足胎儿生长和母牛自身的需要。

2. 日常管理

避免母牛受到惊吓、剧烈运动和挤压，防止流产。保持牛舍的清洁、干燥和安静。

3. 疾病防控

定期进行疫病检测和预防接种，及时治疗母牛的疾病，但要注意用药安全，避免对胎儿造成不良影响。

（四）分娩管理

1. 产前准备

提前准备好干净、温暖、舒适的分娩环境，配备必要的助产工具和药品。

2. 分娩监护

在母牛分娩过程中密切观察，如遇难产，应及时进行助产，但要注意严格消毒，防止感染。

3. 产后护理

母牛分娩后，及时清理其体表的污染物，给母牛饮用温热的麸皮盐水，促进体力恢复。检查母牛的生殖器官，如有损伤及时治疗。

（五）犊牛管理

1. 初乳喂养

犊牛出生后 1 小时内要吃到初乳，初乳富含免疫球蛋白和营养物质，有助于提高犊牛的免疫力。

2. 日常饲养

根据犊牛的生长阶段，提供适宜的饲料和饮水，逐步过渡到正常的饲养管理。

3. 疾病预防

按时进行疫苗接种和驱虫，加强犊牛的护理，提高成活率。

六、日常管理

（一）牛舍环境管理

1. 清洁卫生

每天至少彻底清扫牛舍 1 次，及时清除粪便、尿液和剩余饲料，防止滋生细菌和寄生虫。

定期冲洗地面和墙壁，保持环境整洁。

2. 通风换气

确保牛舍有良好的通风系统，根据天气和季节合理调节通风量。

例如，在炎热的夏季，增加通风设备的运行时间，以降低牛舍内的温度和湿度；在寒冷的冬季，选择在气温较高的时段进行通风，避免肉牛受寒。

3. 温度和湿度控制

维持牛舍内适宜的温度，冬季不低于 5℃，夏季不高于 28℃。

湿度保持在 50%～70%，避免湿度过高导致皮肤病和呼吸道疾病。

4. 光照管理

保证牛舍有充足的自然光照，有助于肉牛的生理活动和钙的吸收。

(二) 饲料与饮水管理

1. 饲料供应

按照肉牛的生长阶段和体重，制订科学合理的饲料配方，确保营养均衡。

定时定量投喂，每天 2～3 次，避免过度喂食或饥饿。

2. 饲料质量

检查饲料的新鲜度和质量，防止使用发霉、变质的饲料。

储存饲料时，做好防潮、防虫、防鼠措施。

3. 饮水保障

提供清洁、新鲜的饮水，随时保持水槽中有充足的水。

冬季供应温水，防止肉牛饮用过冷的水导致消化问题。

(三) 健康管理

1. 日常观察

每天观察肉牛的精神状态、食欲、反刍情况和粪便形态。

若发现异常，如精神萎靡、食欲不振、腹泻等，及时诊断和治疗。

2. 疾病预防

按照免疫程序进行疫苗接种，预防常见传染病。

定期进行体内外驱虫，减少寄生虫对肉牛的危害。

3. 蹄部护理

定期检查肉牛的蹄部，及时修剪过长的蹄甲，防止蹄部疾病。

（四）运动与休息管理

1. 运动安排

每天给予肉牛一定的运动时间，促进血液循环和消化。可以设置专门的运动场地，让肉牛自由活动。

2. 休息管理

提供舒适的休息区域，保证肉牛有足够的休息时间，有利于生长和恢复体力。

（五）记录与档案管理

1. 生长记录

定期测量肉牛的体重、体尺等指标，记录其生长发育情况。

2. 繁殖记录（对于繁殖母牛）

详细记录母牛的发情、配种、妊娠和产犊等信息。

3. 疾病与治疗记录

对肉牛的患病情况、治疗方法和用药情况进行准确记录，以便跟踪和分析。

七、肉牛的育肥策略

（一）品种选择

优先挑选具有良好育肥潜力和生长性能的肉牛品种，如西门塔尔牛、夏洛莱牛等。考虑品种对当地环境的适应性，以确保牛能够在养殖环境中健康生长。

（二）饲料管理

育肥前期，提供高蛋白质、中等能量的饲料，促进肌肉生长。例如，豆粕、棉粕等优质蛋白质饲料。

育肥后期，逐渐增加能量饲料的比例，如玉米、麦麸等，以促进脂肪沉积，提高牛肉品质。

保证饲料的新鲜度和质量，避免使用发霉、变质的饲料。合理控制饲料的投喂量和投喂时间，每天定时、定量投喂。

（三）饲养环境

提供宽敞、清洁、干燥、通风良好的牛舍，保持适宜的温度和湿度。定期清理牛舍的粪便和杂物，减少病原体滋生。合理安排牛的饲养密度，避免过度拥挤。

（四）健康管理

定期进行疫病预防接种，如口蹄疫、牛巴氏杆菌病等疫苗。定期驱虫，减少寄生虫对牛体营养的消耗。密切观察牛的健康状况，及时发现和治疗疾病。

（五）分阶段育肥

1. 适应期

时间：通常为 7~14 天。

目标：帮助新入场的肉牛适应新环境、新人员和新的饮食规律，减轻应激反应。

饲料管理：先提供优质的干草，让牛自由采食，随后逐渐添加少量的精饲料。开始时，精饲料的比例可控制在 10%~15%，随后每天递增 5%~10%，直至达到正常育肥期的比例。干草以苜蓿、羊草为主，保证充足供应。

环境控制：保持牛舍安静、温暖，温度以 15~20℃ 为宜，相对湿度 50%~70%。提供充足、清洁的饮水。

健康观察：密切观察牛的精神状态、采食情况和粪便状态。如发现有牛出现应激反应，如食欲不振、腹泻等，及时采取相应措施，如补充电解质、使用抗应激药物等。

2. 增重期

时间：70~100 天。

目标：快速增加肉牛的体重和肌肉量，提高生长速度。

饲料管理：精饲料的比例提高到 60%~70%，以玉米、豆粕、麦麸等为主，并添加适量的矿物质和维生素添加剂。粗饲料以青贮玉米、干草为主，比例为 30%~40%。每天分 2~3 次投喂，保证肉牛自由采食。

环境控制：保持牛舍清洁卫生，定期消毒。注意通风，避免有害气体积聚。

健康管理：每月进行 1 次体内外驱虫，定期检查肉牛的健康状况。对生长速度较慢的牛进行单独管理，调整饲料配方。

3. 催肥期

时间：30~50 天。

目标：进一步提高牛肉的品质和脂肪沉积，使牛肉达到理想的口感和风味。

饲料管理：精饲料的比例进一步提高到 75%~85%，以高能量的玉米、麦麸为主，同时减少蛋白质饲料的比例。粗饲料比例降低到 15%~25%。控制饲料的投喂量，避免过度采食导致消化问题。

环境控制：减少肉牛的运动量，保持牛舍安静、舒适。

健康管理：每周进行 1 次健康检查，重点关注肉牛的消化情况和肢蹄健康。在催肥后期，适当减少饮水量，以促进脂肪沉积。

例如，某大型肉牛养殖场在育肥过程中，严格按照分阶段育肥的策略进行操作。在适应期，通过精心的照料，新入场的肉牛在一周内就适应了新环境；在增重期，合理的饲料配方使肉牛平均月增重达到 40~50 千克；在催肥期，通过精准的营养调控和环境管理，牛肉的品质得到了显著提升，深受市场欢迎。

第三章　牛疫病防控

第一节　牛病毒性疫病

一、口蹄疫

（一）症状表现

牛感染口蹄疫后，通常会出现发热症状，体温升高可达40~41℃。口腔黏膜出现水疱，水疱破溃后形成浅表的红色糜烂面，疼痛明显，导致牛采食和咀嚼困难。蹄部也会有水疱产生，尤其在蹄冠、蹄叉和趾间，水疱破裂后可能引发蹄壳脱落，病牛跛行严重。乳房皮肤上同样可能出现水疱和烂斑。此外，病牛精神沉郁，不爱走动，产奶量显著下降。

（二）传播途径

口蹄疫的传播途径多样。主要通过直接接触病牛的分泌物、排泄物、水疱液等感染。被污染的饲料、饮水、器具、运输工具等也能传播病毒。空气传播在本病的扩散中起着重要作用，病毒可形成气溶胶，在短距离内传播。此外，野生动物、昆虫以及人员的流动也可能成为传播媒介。

（三）防治措施

预防口蹄疫的关键在于疫苗接种。根据当地疫情流行情况和牛群的免疫状态，制订合理的免疫程序。加强养殖场的生物安全措施，严格消毒，限制人员和车辆的随意进出。一旦发现疫情，应立即上报，并采取封锁、隔离、扑杀病牛等措施。对受威胁的牛群进行紧急免疫接种。病死牛及其产品应进行无害化处理，防止疫情扩散。

二、牛瘟

（一）症状表现

牛瘟发病急，体温迅速升高，可达 41~42℃，持续高烧。病牛精神极度萎靡，食欲废绝，反刍停止。眼结膜发炎，流泪，有脓性分泌物。口腔黏膜充血、肿胀，出现粟粒大的红色丘疹，随后形成灰色或灰白色的假膜，假膜脱落后形成糜烂面。严重腹泻，粪便恶臭，带有黏液、血液和脱落的肠黏膜。病牛迅速消瘦，呼吸困难，常因衰竭而死亡。

（二）传播途径

牛瘟主要通过直接接触传播，病牛的分泌物、排泄物、血液等都含有大量病毒。被污染的饲料、饮水、器具等也是传播的重要途径。牛瘟病毒在外界环境中的抵抗力较弱，但在短时间内仍具有传染性。此外，昆虫、鸟类等也可能机械传播病毒。

（三）防治措施

由于牛瘟已经在全球范围内被消灭，目前的重点是加强监测，防止疫情再次传入。在曾经有牛瘟流行的地区，应保持高度警惕，加强边境检疫，严禁从疫区引进牛只及其产品。对于可能存在的疑似病例，要及时进行诊断和处理。同时，继续开展疫苗研究和储备工作，以应对潜在的威胁。

三、牛传染性鼻气管炎

（一）症状表现

牛传染性鼻气管炎的症状表现多样。在急性型病例中，病牛体温升高，出现咳嗽、流涕、流泪等呼吸道症状。鼻腔分泌物增多，起初为浆液性，后变为脓性。部分病牛还会出现结膜炎、角膜炎等眼部症状。怀孕母牛可能发生流产，公牛则可能出现睾丸炎。在亚临床型病例中，症状较为轻微，不易察觉，但仍能传播病毒。

（二）传播途径

本病主要通过呼吸道传播，病牛咳嗽、打喷嚏时排出的飞沫中含有病毒，可直接感染健康牛，也可通过接触被污染的饲料、饮水、器具等间接传播。交配和人工授精时，病毒可通过生殖道传播。此外，运输、混群等应激因素可促使本病的发生和传播。

（三）防治措施

预防本病主要依靠疫苗接种，选用合适的疫苗并按照规定的程序进行免疫。加强饲养管理，提供良好的环境卫生，减少应激因素。定期对牛群进行检疫，及时淘汰阳性牛。发病时，对病牛进行隔离治疗，加强消毒，防止疫情扩散。

四、牛病毒性腹泻

（一）症状表现

牛病毒性腹泻的症状轻重不一。急性病例中，病牛体温升高，可达40～42℃，精神沉郁，食欲减退。腹泻是常见症状，粪便稀软，有时带有黏液和血液。口腔黏膜糜烂，流涎。慢性病例主要表现为生长发育迟缓，间歇性腹泻，消瘦，产奶量下降。怀孕母牛可能发生流产、产死胎或畸形胎。

（二）传播途径

本病的传播途径广泛，可通过直接接触病牛或其分泌物、排泄物传播。被污染的饲料、饮水、器具等也是重要的传播媒介。垂直传播也是本病的一个重要特点，怀孕母牛感染后可通过胎盘将病毒传给胎儿。

（三）防治措施

预防本病的关键是疫苗接种，根据牛群的实际情况选择合适的疫苗。加强饲养管理，提高牛群的抵抗力。定期对牛群进行监测，及时发现和处理感染牛。对于发病牛，要采取对症治疗，如止泻、补液、调节电解质平衡等，同时加强护理，促进康复。

第二节　常见的牛细菌性疫病

一、牛巴氏杆菌病

（一）症状表现

牛巴氏杆菌病分为急性型和慢性型。急性型病牛突然发病，体温升高至 41~42℃，精神极度沉郁，呼吸困难，心跳加快。可视黏膜发绀，有出血点。病牛咳嗽，鼻腔流出带血的分泌物，有时会出现腹泻。慢性型主要表现为肺炎和慢性胃肠炎症状，病牛长期咳嗽，呼吸困难，消瘦，间歇性腹泻。

（二）传播途径

本病主要通过呼吸道和消化道传播，病牛的分泌物、排泄物中含有大量病菌，通过飞沫、尘埃、饲料、饮水等传播给健康牛。此外，吸血昆虫叮咬、皮肤伤口感染等也可能导致本病的发生。

（三）防治措施

预防本病要加强饲养管理，保持牛舍清洁、干燥、通风良好。定期进行消毒，消灭环境中的病原菌。做好疫苗接种工作，提高牛群的免疫力。发病时，及时隔离病牛，对牛舍进行彻底消毒。治疗可选用敏感的抗生素，如青霉素、链霉素、磺胺类药物等。

二、牛布鲁氏菌病

（一）症状表现

牛布鲁氏菌病多数为隐性感染，症状不明显。部分病牛表现为流产，多发生在妊娠 5~8 个月，产出死胎或弱胎。公牛可能发生睾丸炎和附睾炎，关节疼痛，跛行。有的病牛还会出现乳房炎、子宫内膜炎等症状。

（二）传播途径

本病主要通过消化道传播，病牛的流产物、乳汁、精液等含有大量病菌，污染饲料、饮水后被健康牛摄入而感染。也可通过交配传播，吸血昆虫叮咬、皮肤伤口接触病菌等也能传播本病。

（三）防治措施

预防本病要坚持自繁自养，引进牛只时必须进行严格检疫。定期对牛群进行布鲁氏菌病的检测，淘汰阳性牛。加强饲养管理，做好消毒工作。本病目前尚无特效治疗方法，一旦确诊，应按照相关规定进行扑杀和无害化处理。

三、牛结核病

（一）症状表现

牛结核病的症状因感染部位不同而异。肺结核时，病牛表现为咳嗽、呼吸急促、消瘦、乏力。乳房结核时，乳房淋巴结肿大，乳房表面出现硬结或溃疡，泌乳量减少，乳汁稀薄。肠结核时，出现慢性腹泻，消化不良，消瘦。

（二）传播途径

本病主要通过呼吸道和消化道传播，病牛咳嗽、打喷嚏时排出的结核菌形成飞沫，被健康牛吸入而感染，也可通过采食被污染的饲料、饮水而感染。此外，交配、皮肤伤口接触等也可能传播本病。

（三）防治措施

预防本病要加强检疫，定期对牛群进行结核病检测，及时发现和处理病牛。做好养殖场的卫生消毒工作，保持环境清洁。对牛群进行卡介苗接种，可在一定程度上预防本病。发病牛应及时扑杀，并进行无害化处理。

四、破伤风

（一）症状表现

牛破伤风的潜伏期通常为 5~14 天。发病初期，病牛表现为咀嚼和吞咽困难，牙关紧闭。随后出现肌肉强直，四肢伸直，形如木马。反射兴奋性增高，轻微刺激即可引起强烈的痉挛。

（二）传播途径

破伤风杆菌广泛存在于土壤、粪便中，当牛的伤口受到污染，特别是深部刺伤、烧伤、去势等，更容易感染破伤风杆菌。

（三）防治措施

预防本病主要是做好创伤处理，及时清理伤口，并用 3%过氧化氢溶液或 5%碘酊消毒。进行外科手术时，要严格无菌操作。定期进行破伤风类毒素免疫接种。发病后，要将病牛置于安静、黑暗的环境中，避免刺激。治疗主要采用破伤风抗毒素中和毒素，同时配合镇静、解痉等药物。

第三节　牛寄生虫性疫病

一、牛焦虫病

（一）症状表现

牛感染焦虫病后，体温急剧升高，可达 40~42℃，呈稽留热型。精神萎靡，食欲不振，反刍减少或停止。可视黏膜苍白或黄染，出现黄疸症状。病牛呼吸急促，心跳加快，有的会出现腹泻、血尿等症状。严重时，病牛极度消瘦，衰竭而死。

（二）传播途径

本病主要通过蜱虫传播，蜱虫叮咬感染焦虫的牛后，再叮咬健康牛，从而传播本病。此外，也可通过输血、胎盘传播。

（三）防治措施

预防本病要做好灭蜱工作，定期对牛体和牛舍进行药物喷洒，消灭蜱虫。在蜱虫活动季节，可给牛注射焦虫疫苗。发病时，及时使用特效药物进行治疗，如三氮脒、吖啶黄等，并采取对症治疗，如补液、强心等。

二、牛泰勒虫病

（一）症状表现

急性病例中，病牛体温升高，可达 $40 \sim 42℃$，精神沉郁，呼吸急促，心跳加快。可视黏膜苍白、黄染，出现贫血症状。体表淋巴结肿大，尤其是肩前淋巴结肿大明显。病牛消瘦，步态蹒跚。慢性病例主要表现为贫血、消瘦、生长发育迟缓。

（二）传播途径

本病主要由残缘璃眼蜱传播，其传播方式与牛焦虫病相似。

（三）防治措施

预防措施包括消灭蜱虫、定期驱虫等。发病后，可使用贝尼尔、磷酸伯氨喹等药物进行治疗，并注意补充营养，增强牛的抵抗力。

三、牛肝片吸虫病

（一）症状表现

急性型病牛主要表现为发热、贫血、黄疸、肝脏肿大等症状，常因急性肝炎和内出血而死亡。慢性型病牛则表现为消瘦、贫血、水肿、腹泻，产奶量下降，孕牛可能流产。

（二）传播途径

本病主要通过牛吞食含有囊蚴的水草而感染。囊蚴在牛体内发育为成虫，成虫产卵随粪便排出体外，在适宜的环境中发育为毛蚴，毛蚴钻入椎实螺体内发育为尾蚴，尾蚴离开螺体在水草上形成囊蚴。

（三）防治措施

预防本病要定期驱虫，消灭中间宿主椎实螺，加强粪便管理，防止粪便污染水源和牧草。治疗可选用硝氯酚、阿苯达唑等药物。

四、牛球虫病

（一）症状表现

牛球虫病以出血性肠炎为主要特征。病牛精神不振，食欲减退，腹泻，粪便中带有血液和黏液。严重时，病牛脱水、消瘦，甚至死亡。

（二）传播途径

本病主要通过消化道传播，牛吞食了被球虫卵囊污染的饲料、饮水而感染。

（三）防治措施

预防本病要保持牛舍清洁干燥，定期消毒。合理搭配饲料，增强牛的抵抗力。发病时，可使用磺胺类药物、氨丙啉等进行治疗，并注意补充电解质和维生素。

第四节　牛呼吸疫病

一、牛传染性胸膜肺炎

（一）症状表现

病牛初期体温升高，可达 40~42℃，精神沉郁，食欲减退。咳嗽，呼吸困难，呈腹式呼吸。鼻液增多，初期为浆液性，后变为脓性。胸部听诊有摩擦音和啰音。后期病牛极度消瘦，常因衰竭而死亡。

（二）传播途径

本病主要通过飞沫传播，病牛咳嗽、打喷嚏时排出的病原体形成飞沫，被健康牛吸入而感染，也可通过接触被污染的饲料、饮水、器具等间接传播。

（三）防治措施

预防本病要加强检疫，不从疫区引进牛只。定期对牛群进行免疫接种。发病时，及时隔离病牛，对牛舍进行彻底消毒。治疗可选用抗生素，如土霉素、四环素等，并配合对症治疗。

二、牛支原体肺炎

（一）症状表现

病牛主要表现为咳嗽、喘气，体温升高，精神不振，食欲减退。咳嗽初为干咳，后变为湿咳，有脓性鼻液。肺部听诊有啰音，病情严重时呼吸困难，张口呼吸。

（二）传播途径

本病主要通过呼吸道传播，病牛的飞沫、分泌物中含有病原体，通过空气传播给健康牛，也可通过接触传播。

（三）防治措施

预防本病要加强饲养管理，保持牛舍通风良好，减少应激因素。定期对牛群进行监测。发病后，及时使用敏感抗生素进行治疗，如泰乐菌素、氟苯尼考等，并做好护理工作。

三、牛巴氏杆菌性肺炎

（一）症状表现

病牛体温升高，呼吸困难，咳嗽，有脓性鼻液。肺部听诊有湿啰音和捻发音。病牛精神沉郁，食欲废绝，反刍停止。

（二）传播途径

主要通过呼吸道和消化道传播，也可通过接触传播。

（三）防治措施

加强饲养管理，做好消毒和免疫工作。发病时，选用有效的抗生素进行治疗，如青霉素、链霉素等，并采取对症治疗措施。

四、牛霉菌性肺炎

（一）症状表现

病牛咳嗽，呼吸困难，体温升高，消瘦。肺部听诊有干啰音和湿啰音。有的病牛还会出现腹泻、神经症状等。

（二）传播途径

主要通过吸入霉菌孢子感染，也可通过采食被污染的饲料感染。

（三）防治措施

保持牛舍干燥通风，防止饲料发霉。发病后，使用抗真菌药物进行治疗，如两性霉素 B、制霉菌素等。

第五节 多病原混合感染的常发疫病

一、牛呼吸道合胞体病毒与巴氏杆菌混合感染

（一）症状表现

病牛表现出严重的呼吸道症状，如咳嗽、喘气、呼吸困难，体温升高，精神萎靡。肺部出现炎症，听诊有啰音。同时可能伴有腹泻、消瘦等症状。

（二）传播途径

主要通过飞沫传播和接触传播。牛呼吸道合胞体病毒可以在牛群中迅速传播，而巴氏杆菌则通过病牛的分泌物、排泄物传播。

（三）防治措施

加强牛群的饲养管理，保持环境清洁卫生，定期消毒。做好疫苗接种工作，增强牛的免疫力。发病时，及时隔离病牛，采用联合用药进行治疗，如使用抗病毒药物和抗生素。

二、牛传染性鼻气管炎病毒与支原体混合感染

（一）症状表现

病牛出现高热、咳嗽、流涕、呼吸困难等呼吸道症状，同时可能伴有结膜炎、角膜炎等眼部症状。病情严重时，病牛会出现肺炎、乳房炎等并发症。

（二）传播途径

主要通过呼吸道传播，也可通过交配和接触传播。

（三）防治措施

加强检疫，防止引进带病牛。定期对牛群进行监测和免疫

接种。发病后，采取隔离、消毒和药物治疗等综合措施，选择对病毒和支原体有效的药物进行治疗。

三、牛病毒性腹泻病毒与大肠杆菌混合感染

（一）症状表现

病牛出现腹泻、呕吐、脱水、发热等症状，粪便中可能含有血液和黏液。病牛精神沉郁，食欲减退，严重时会导致死亡。

（二）传播途径

通过消化道传播，病毒和大肠杆菌在牛体内协同作用，加重病情。

（三）防治措施

做好养殖场的卫生消毒工作，加强饲养管理，提高牛的抵抗力。定期进行疫苗接种和疫病监测。发病时，及时补液、止泻，并使用抗病毒和抗菌药物进行治疗。

第六节　人畜共患病

一、炭疽

（一）症状表现

牛炭疽分为急性型、亚急性型和慢性型。急性型病牛突然发病，体温急剧升高，可达 $41 \sim 42℃$，呼吸困难，可视黏膜发绀，有出血点。口、鼻、肛门等天然孔流血，常于数小时内死亡。亚急性型病牛症状稍缓，颈部、胸部、腹部等部位出现局限性水肿，病程较长，一般 $2 \sim 5$ 天死亡。慢性型主要表现为咽炎、喉炎及颈部淋巴结肿大等症状。

（二）传播途径

主要通过消化道传播，采食被炭疽芽孢污染的饲料、饮水而感染，也可通过呼吸道和皮肤伤口感染。

（三）防治措施

预防本病要加强检疫，严禁从疫区引进牛只。定期对牛群进行免疫接种。发现疑似病例，应立即上报，并采取封锁、隔离、消毒等措施。病死牛要严格进行无害化处理。

二、结核病

（一）症状表现

牛结核病多为慢性经过，症状不明显。常见症状有咳嗽、呼吸困难、消瘦、产奶量下降等。乳房结核时，乳房淋巴结肿大，乳房出现硬结或溃疡。

（二）传播途径

主要通过呼吸道和消化道传播，病牛的痰液、粪便、乳汁等含有结核菌，可传播给健康牛。

（三）防治措施

加强检疫，及时发现和处理病牛。做好养殖场的卫生消毒工作，对牛群进行定期监测和免疫接种。

三、布鲁氏菌病

（一）症状表现

多数牛感染后呈隐性经过。部分病牛表现为流产，多发生在妊娠 5~8 个月。公牛发生睾丸炎和附睾炎。有的病牛还会出现关节炎、腱鞘炎等症状。

（二）传播途径

主要通过消化道、生殖道传播，也可通过接触传播。

（三）防治措施

坚持自繁自养，引进牛只时严格检疫。定期对牛群进行检测，淘汰阳性牛。加强饲养管理和消毒工作。

四、狂犬病

（一）症状表现

病牛表现为兴奋、狂躁、攻击行为，后期出现麻痹症状，最终死亡。

（二）传播途径

主要通过患病动物咬伤传播。

（三）防治措施

加强牛群管理，防止牛被野生动物咬伤。如被咬伤，及时处理伤口并注射狂犬病疫苗。

五、钩端螺旋体病

（一）症状表现

病牛体温升高、黄疸、血红蛋白尿、流产、皮肤和黏膜坏死等。

（二）传播途径

主要通过接触被污染的水源、土壤传播，也可通过交配传播。

（三）防治措施

做好环境卫生，消灭鼠类。定期对牛群进行免疫接种。发病时，及时治疗。

第四章　羊饲养管理新技术

第一节　公　羊

一、营养需求

（一）蛋白质来源

豆粕、鱼粉、菜籽粕等优质蛋白质饲料富含必需氨基酸，有助于公羊肌肉的生长和维持身体机能。此外，还可以考虑添加一些昆虫蛋白，如蚕蛹粉，其氨基酸组成独特，能提供更全面的营养。

（二）能量饲料选择

一般选择玉米、麦麸、高粱等。玉米是主要的能量来源，富含淀粉，易于消化吸收。麦麸含有一定的膳食纤维，有助于肠道蠕动。高粱的能量含量也较高，可作为多样化的能量饲料选择。

（三）矿物质需求

钙、磷、锌等的补充来源，如骨粉、贝壳粉。钙和磷对于骨骼发育至关重要，锌则参与多种酶的合成和生殖系统的正常功能。除了骨粉和贝壳粉外，还可以使用磷酸二氢钙等矿物质添加剂。

（四）维生素补充

可选择新鲜牧草作为维生素 A、维生素 D、维生素 E 的获取途径。维生素 A 有助于维持视力和生殖系统健康，维生素 D 促进钙的吸收，维生素 E 具有抗氧化作用，保护细胞免受自由基损伤。除了新鲜牧草外，也可以在饲料中添加专门的维生素预混料。

（五）饲料添加剂

为提高免疫力，可添加益生菌。益生菌可以改善肠道菌群平衡，增强消化吸收能力，提高免疫力。此外，还可以添加一些中草药提取物，如黄芪多糖、杜仲叶提取物等，具有增强免疫力和抗应激的作用。

二、运动锻炼

（一）运动方式

方式有放牧或驱赶运动、跑步机运动等。放牧是让公羊接触自然环境，采食新鲜牧草的同时进行运动。驱赶运动可以有针对性地增强其体能。跑步机运动则能更好地控制运动强度和时间。

（二）运动时间

每天至少2~3小时，可根据季节适当调整。在夏季高温时，可以选择清晨和傍晚进行运动；冬季则可在白天温度较高时运动。

（三）运动强度

适度增加运动强度，促进肌肉发育。可以通过增加爬坡、跨越障碍物等方式增加运动强度，但要注意避免过度疲劳。

（四）运动场地

选择平坦、开阔且安全的场地。避免有尖锐物体、深坑或沼泽等危险区域，确保公羊在运动过程中的安全。

（五）注意事项

避免过度疲劳和受伤。在运动前后要进行适当的热身和放松，运动过程中要密切观察公羊的状态，如有异常应及时停止运动。

三、配种管理

（一）配种年龄

一般1岁以上，体成熟后进行。公羊达到体成熟时，生殖器官和身体机能发育完善，配种成功率和后代质量更高。但不同品种和个体的体成熟时间可能有所差异，需要综合评估。

（二）配种间隔

至少间隔 5~7 天，确保体力恢复。频繁配种会导致公羊体力消耗过大，影响精液质量和健康状况。合理的配种间隔有助于保持其良好的生殖能力。

（三）配种环境

保持安静、舒适，减少外界干扰。嘈杂的环境可能会导致公羊紧张，影响配种效果。可以为其提供专门的配种场地，营造安静的环境。

（四）配种技巧

合理引导公羊，提高配种成功率。例如，在配种前让公羊和母羊相互熟悉，采用合适的姿势和辅助手段。

（五）配种记录

详细记录配种时间、对象等信息。这对于跟踪繁殖情况、评估公羊的繁殖性能以及进行遗传选育具有重要意义。

四、日常护理

（一）蹄甲修剪周期

每 2~3 个月 1 次，防止过长影响行走。过长的蹄甲容易导致公羊行走不便，甚至引发蹄部疾病。修剪时要注意使用合适的工具和方法，避免造成损伤。

（二）体表清洁方法

定期药浴，使用专用的驱虫药剂。药浴可以有效去除体表寄生虫，预防皮肤病。选择合适的药浴时间和药剂浓度，确保安全有效。

（三）毛发梳理

促进血液循环，保持皮肤健康。梳理毛发还可以及时发现体表的伤口、肿块等异常情况。

（四）定期体检

检查身体各项指标，预防疾病。包括体温、心跳、呼吸、口腔、眼睛等方面的检查，以及血液和粪便的检测。

（五）口腔护理

检查牙齿状况，及时处理问题。公羊的牙齿问题可能影响采食和消化，要定期检查是否有龋齿、牙龈炎等。

第二节　母　羊

一、妊娠阶段

（一）前期饲料种类

以优质干草和青贮料为主，适量搭配精料。干草和青贮料富含纤维，有助于维持母羊的饱腹感和消化功能。精料的添加量要适度，以免造成肥胖。

（二）后期增加的营养

额外补充蛋白质和矿物质添加剂，如豆饼、磷酸氢钙。随着胎儿的发育，对营养的需求增加，尤其是蛋白质和矿物质，以满足胎儿生长和母羊自身的代谢需要。

（三）维生素补充

增加维生素 C、维生素 E 的摄入，提高免疫力。维生素 C 有助于抵抗应激，维生素 E 具有抗氧化作用，对母羊和胎儿的健康都非常重要。

（四）饲料的适口性

选择母羊喜爱的饲料，提高采食量。可以通过多样化饲料种类、调整饲料的质地和味道来提高适口性。

（五）防止应激

避免惊吓、拥挤等不良刺激。应激可能导致母羊流产或早产，要保持饲养环境的安静和稳定。

二、哺乳期

（一）高营养饲料

选择豆饼、骨粉、鱼粉等。这些饲料富含蛋白质、矿物质和优质脂肪，能够满足母羊产奶的营养需求。

（二）饮水要求

选择清洁、温热的水，自由饮用。充足的饮水对于产奶量和母羊的健康至关重要，水温过低可能导致消化问题。

（三）饲料的调整

根据产奶量及时调整饲料配方。产奶高峰期需要更多的营养支持，随着产奶量的下降逐渐调整饲料。

（四）增加多汁饲料

为补充水分和维生素，可选择胡萝卜、南瓜等多汁饲料。多汁饲料不仅能提供营养，还能增加饲料的适口性。

（五）注意观察母羊食欲和消化情况

及时发现并处理食欲不振、消化不良等问题，确保母羊的健康和产奶性能。

三、发情鉴定

（一）外部表现

外阴红肿、分泌黏液、频繁排尿等是母羊发情的常见外部特征，但个体之间可能存在差异。

（二）检测方法

包括试情公羊法、阴道检查法。试情公羊法简单易行，但需要注意观察试情公羊的反应。阴道检查法则可以更准确地判断发情阶段。

（三）行为观察

母羊兴奋不安、主动接近公羊。发情的母羊行为会发生明显变化，表现出对交配的渴望。

（四）激素检测

通过检测血液或尿液中的激素水平判断。这种方法较为准确，但操作相对复杂，成本较高。

（五）记录发情时间

准确记录发情时间有助于选择最佳的配种时机，提高受孕率，为配种做好准备。

四、产后护理

（一）常见产后疾病

如子宫内膜炎、乳房炎、产后瘫痪等。子宫内膜炎多由产后感染引起，乳房炎可能是由于乳汁淤积或细菌感染。产后瘫痪则与血钙流失有关。

（二）促进哺乳措施

人工辅助羔羊吃奶，帮助母羊建立哺乳反射。对于初产母羊或母性不好的母羊，人工辅助可以提高哺乳的成功率。

（三）营养补充

提供富含蛋白质、矿物质和维生素的饲料。产后母羊身体虚弱，需要充足的营养来恢复体力和产奶。

（四）环境清洁

保持产房干净、干燥、通风。良好的环境有助于预防感染和疾病的传播。

（五）乳房护理

检查乳房有无肿块、炎症，及时治疗。定期挤奶，防止乳汁淤积，保持乳房健康。

第三节　羔　羊

一、初乳喂养

（一）初乳的储存方法

低温冷藏，严格控制温度和时间。初乳应在采集后尽快放入冷藏室，温度一般控制在 0~4℃，储存时间不宜超过 48 小时，以保证初乳中的营养成分和抗体活性不受损失。例如，使用专门的冷藏设备，如小型冰箱或冷藏柜，并确保温度稳定。

（二）初乳喂养量标准

喂养初乳的量是体重的 1/5~1/4，根据羔羊体质调整。对于体质较弱、体重较轻的羔羊，可以适当增加初乳的喂养量，以增强其抵抗力。相反，对于体质较好的羔羊，可按照标准量喂养。同时，要密切观察羔羊的吸吮情况和腹部饱胀程度。

（三）初乳的质量检测

检测初乳中的营养成分和抗体水平。可以通过实验室检测的方法，分析初乳中的蛋白质、脂肪、乳糖等营养成分含量，以及免疫球蛋白等抗体水平。这有助于评估初乳的质量，确保羔羊获得足够的营养和免疫力。可使用专业的检测仪器和试剂进行检测。

（四）初乳的喂食方式

人工奶瓶喂养或引导羔羊自行吮吸。对于无法自行吮吸的羔羊，可采用人工奶瓶喂养，选择合适的奶嘴和奶瓶，模拟母羊乳头的形状和口感，让羔羊更容易接受。而对于有吮吸能力的羔羊，尽量引导其自行吮吸，这样更符合自然规律，有利于羔羊的生长发育。

(五) 初乳喂养的重要性

提高羔羊免疫力和成活率。初乳中富含免疫球蛋白、生长因子和各种营养物质，能够帮助羔羊建立完善的免疫系统，抵抗疾病的侵袭。同时，为羔羊的生长发育提供充足的营养，大大提高其成活率和健康水平。经过初乳喂养的羔羊，在疾病高发期往往能表现出更强的抵抗力。

二、早期补料

(一) 补料的循序渐进

从少量开始，逐渐增加，遵循由稀到稠的原则。刚开始补料时，每天只提供少量的饲料，如 10~20 克，然后逐渐增加到 50~100 克。饲料的质地也从稀糊状逐渐过渡到颗粒状或粉状。这样可以让羔羊的胃肠道逐渐适应新的食物。

(二) 诱食饲料示例

炒熟的黄豆、玉米碎粒、苜蓿草粉。炒熟的黄豆具有浓郁的香味，能够吸引羔羊的注意力；玉米碎粒富含能量，易于消化；苜蓿草粉富含蛋白质和纤维，有助于羔羊的生长发育。还可以添加一些甜味剂或香味剂，如白糖、蜂蜜等，提高饲料的适口性。

(三) 补料的时间选择

一般在 7~10 日龄开始。此时羔羊的瘤胃开始发育，逐渐具备消化固体饲料的能力。但也要根据羔羊的个体情况，如果羔羊生长迅速、体质强壮，可以适当提前补料时间；反之，可稍微推迟。

(四) 补料的环境营造

安静、清洁，让羔羊适应。在补料区域设置专门的食槽和水槽，保持环境整洁，没有异味和杂物。同时，避免其他羊只的干扰，让羔羊能够安心采食。

（五）观察羔羊采食情况

及时调整补料量和种类。观察羔羊对不同饲料的喜好程度、采食速度和剩余量，根据这些情况调整饲料的配方和供应量。例如，如果某种饲料剩余较多，可能说明羔羊不喜欢或者不适应，需要更换或减少供应。

三、断奶过渡

（一）断奶的适宜体重

公羔 20~25 千克，母羔 15~20 千克，根据生长情况灵活掌握。但除了体重外，还要考虑羔羊的采食能力、消化能力和健康状况。如果羔羊虽然体重达到标准，但仍然依赖母乳，采食饲料的能力较弱，或者存在健康问题，就需要适当推迟断奶时间。

（二）减少应激的环境调整

保持熟悉的圈舍和伙伴，避免环境突变。在断奶前，不要突然改变羔羊的生活环境，包括圈舍的布局、垫料的材质等。让羔羊与熟悉的伙伴在一起，能够减少孤独感和恐惧感，降低应激反应。

（三）断奶的方法

逐渐减少哺乳次数，增加饲料量。例如，从每天哺乳 3~4 次逐渐减少到 1~2 次，同时逐渐增加饲料的供应量。这样可以让羔羊的胃肠道逐渐适应饲料的消化，减少断奶带来的不适。

（四）注意观察羔羊的精神状态和消化情况

断奶期间，要密切观察羔羊是否出现精神沉郁、食欲不振、腹泻等异常情况。如果发现问题，要及时采取措施，如调整饲料配方、给予药物治疗等。

(五) 提供充足的清洁饮水

饮水对于羔羊的消化和代谢非常重要，在断奶期间更是不能忽视。确保饮水设施干净、卫生，水温适宜，让羔羊随时能够喝到清洁的水。

四、疾病预防

(一) 常见疫苗

口蹄疫疫苗、小反刍兽疫疫苗、羊痘疫苗。此外，根据当地疫病流行情况，还可能需要接种破伤风疫苗、布鲁氏菌病疫苗等。每种疫苗都有其特定的接种时间和剂量，要严格按照规定进行接种。

(二) 驱虫时间

春秋两季各 1 次，必要时增加夏季驱虫。夏季蚊虫较多，容易传播寄生虫病，因此在夏季增加 1 次驱虫可以更好地预防寄生虫感染。同时，要根据羔羊的生长环境和健康状况，灵活调整驱虫时间和频率。

(三) 预防腹泻

保持圈舍卫生，合理饮食。腹泻是羔羊常见的疾病之一，主要原因是圈舍不洁、饲料变质或营养不均衡。定期清理圈舍内的粪便和杂物，保持干燥通风；提供新鲜、优质的饲料，避免突然更换饲料种类。

(四) 呼吸道疾病预防

加强通风，避免拥挤。呼吸道疾病多由空气质量差、羊只密度过大引起。确保圈舍内空气流通，合理控制羊只数量，避免过度拥挤，为羔羊提供良好的生活空间。

(五) 定期消毒

对圈舍、用具进行彻底消毒。选择合适的消毒剂，如过氧乙酸、氢氧化钠等，按照正确的浓度和方法进行消毒。消毒要全面，包括地面、墙壁、食槽、水槽等，不留死角。

第四节　育成羊

一、营养调整

（一）蛋白质需求变化

生长高峰期增加 20%~30%，满足肌肉和骨骼发育。在育成羊的生长高峰期，蛋白质对于肌肉和骨骼的生长至关重要。可以增加豆粕、鱼粉等优质蛋白质饲料的比例，以满足其生长需求。例如，当育成羊体重快速增长时，每天的蛋白质摄入量应相应增加。

（二）矿物质补充重点

钙磷比例 2∶1 左右，同时注意铁、铜等微量元素的补充。钙和磷是骨骼发育的关键矿物质，保持合适的比例有助于骨骼的正常生长。此外，铁、铜等微量元素参与血液形成和代谢过程，也不可忽视。可以通过添加矿物质预混料来保证育成羊的矿物质需求。

（三）维生素的供给

维生素 D 促进钙吸收，维生素 C 提高抵抗力。除了在饲料中添加富含维生素 D 和维生素 C 的原料外，还可以让育成羊适当晒太阳，促进体内维生素 D 的合成。在应激或疾病高发期，额外补充维生素 C 有助于提高育成羊的抵抗力。

（四）能量的平衡

根据生长速度和活动量调整能量饲料的比例。如果育成羊生长速度较快或活动量大，应增加玉米、麦麸等能量饲料的供应；反之，如果育成羊运动量较小或生长速度放缓，则要适当减少能量饲料，避免肥胖。

（五）饲料的多样化

提供多种粗饲料和精饲料，保证营养均衡。例如，除了常见的青贮料和精料外，可以提供一些豆科牧草、禾本科牧草等粗饲料，以及燕麦、小麦等精饲料，丰富饲料的种类和营养成分。

二、分群饲养

（一）分群依据标准

体重相差不超过 5 千克，还可考虑年龄、性别。分群时，不仅要关注体重，还要综合考虑年龄和性别因素。例如，将年龄相近、性别相同且体重差异不大的育成羊分为一群，这样可以更好地制订饲养管理计划，提高饲养效率。

（二）不同群体的饲料差异

快速生长群增加精料比例，弱小群加强营养补充。对于生长速度较快的群体，可以适当提高精料的比例，以满足其快速生长的营养需求；而对于弱小的群体，除了增加精料外，还可以添加一些营养添加剂，如氨基酸、矿物质等，促进其生长发育。

（三）群体大小控制

以每群 20~30 只为宜，便于管理。群体过大不利于观察每只羊的采食、健康状况，也容易造成拥挤和争斗；群体过小则会降低饲养效率。保持适当的群体大小，可以更好地进行饲养管理和疾病防控。

（四）分群后的观察

注意羊群的适应情况，及时调整。分群后，要密切观察羊群的采食、饮水、休息等行为，看是否有争斗、应激等异常情况。如果发现问题，要及时调整分群方案或采取相应的措施，如隔离争斗的羊只、安抚应激的羊只等。

（五）避免频繁分群

减少应激反应。频繁分群会给育成羊带来较大的应激，影响其生长发育和健康。因此，在分群前要做好充分的准备和规划，尽量减少不必要的分群操作。

三、育肥准备

（一）育肥前期饲料过渡

逐渐增加精料比例，过渡期 7~10 天。在育肥前期，育成羊的消化系统需要逐渐适应精料的增加。例如，第一天可以将精料的比例提高 10%，然后每天增加 10%~15%，直到达到育肥期的精料比例。这样可以避免因饲料突然变化而导致的消化不良和腹泻等问题。

（二）育肥时间安排

一般 2~3 个月，根据育肥效果灵活调整。育肥时间的长短取决于育成羊的初始体重、生长速度和市场需求等因素。如果育肥效果良好，体重达到上市标准，可以提前出栏；如果育肥效果不理想，可以适当延长育肥时间，但要注意控制成本和防止过度育肥。

（三）育肥饲料选择

优质青贮料、能量饲料和蛋白质饲料。青贮料可以提供丰富的纤维和维生素，能量饲料如玉米、麦麸等提供能量，蛋白质饲料如豆粕、鱼粉等促进肌肉生长。合理搭配这些饲料，可以提高育肥效果。例如，青贮料可以占饲料总量的 50%~60%，能量饲料和蛋白质饲料分别占 30%~40% 和 10%~20%。

（四）控制饲料成本

合理搭配饲料，提高性价比。在选择饲料时，要综合考虑饲料的价格、营养价值和育肥效果。可以选择当地价格相对较低但营养价值较高的饲料原料，如农作物秸秆、糟渣等，同时优化饲料配方，降低饲料成本。

(五) 育肥环境优化

保持圈舍温度适宜、干燥卫生。育肥期的育成羊需要一个舒适的环境来促进生长。圈舍温度应保持在 15~25℃，湿度控制在 50%~70%。定期清理圈舍内的粪便和杂物，保持圈舍干燥、卫生，减少疾病的发生。

四、性成熟管理

(一) 公羊去势方法

手术去势或橡皮筋结扎，注意消毒和术后护理。手术去势需要在无菌条件下进行，切除睾丸，并做好伤口的消毒和缝合；橡皮筋结扎则是用橡皮筋将睾丸根部扎紧，使其缺血坏死脱落。无论采用哪种方法，都要注意操作规范，避免感染，并在术后给予适当的护理，如观察伤口愈合情况、给予消炎药物等。

(二) 母羊初情期观察

5~7 月龄，记录初情时间。初情期是母羊生殖系统发育成熟的重要标志，要密切观察母羊的行为、外阴变化等。例如，母羊初情期时可能会出现外阴红肿、分泌黏液、精神兴奋等表现，及时记录这些变化，为后续的配种工作做好准备。

(三) 性成熟的影响因素

影响因素包括营养、品种、环境等。良好的营养状况可以促进育成羊的性成熟；不同品种的性成熟时间也有所差异，一般早熟品种性成熟较早；环境因素如光照、温度等也会对性成熟产生影响。在饲养管理中，要综合考虑这些因素，为育成羊创造适宜的条件，促进其性成熟。

(四) 制订配种计划

根据性成熟情况合理安排配种时间。一般来说，母羊在达到性成熟后，还需要经过一段时间的生长发育，身体达到一定的体成熟程度后再进行配种。配种时间的选择要考虑母羊的年龄、体重、健康状况以及季节等因素，以提高受孕率和繁殖性能。

（五）避免过早配种

过早配种影响母羊生长发育和繁殖性能，导致母羊出现发育受阻、产仔数少、羔羊体质弱等问题。因此，要严格按照母羊的生长发育规律和品种特点，合理安排配种时间，确保母羊的健康和繁殖性能。

第五节　成年羊

一、饲料稳定

（一）主要饲料种类

合理搭配干草、青贮料、精料比例。干草如苜蓿干草、羊草等富含纤维和蛋白质；青贮料如玉米青贮、牧草青贮等保存了较多的营养成分；精料如玉米、豆粕等提供能量和蛋白质。根据成年羊的体重、生产性能和生理阶段，合理调整三者的比例。

（二）微调的依据

依据包括体重变化、产羔前后、季节变化。例如，体重增加时适当增加饲料量；产羔前后增加营养丰富的饲料；夏季减少能量饲料，增加粗饲料；冬季则相反，以维持羊的良好体况和生产性能。

（三）饲料的质量控制

防止霉变、劣质饲料的使用。定期检查饲料的质量，避免使用发霉、变质、受污染的饲料。霉变饲料中可能含有黄曲霉毒素等有害物质，会损害羊的肝脏和免疫系统。

（四）饲料的储存方法

干燥、通风，避免受潮和鼠害。将饲料储存在干燥、通风良好的仓库中，垫高存放，防止地面潮湿导致饲料受潮。同时，采取防鼠措施，如放置鼠夹、使用灭鼠药等。

（五）定期更换饲料品种

丰富营养来源。长期单一的饲料品种可能导致营养不均衡，定期更换不同种类的干草、青贮料和精料，有助于提供更全面的营养。

二、环境管理

（一）圈舍消毒频率

每周 1 次，疫情期间增加消毒次数。使用有效的消毒剂，如过氧乙酸、戊二醛等，对圈舍的地面、墙壁、栏杆等进行全面消毒。疫情期间，可增加至每 2~3 天消毒 1 次，以降低病原体传播风险。

（二）清洁工具和方法

扫帚、高压水枪冲洗，定期消毒清洁工具。先用扫帚清扫圈舍内的粪便、杂物，然后用高压水枪冲洗地面和墙壁，去除污垢。清洁工具使用后，要进行消毒处理，防止交叉感染。

（三）通风换气

保持空气新鲜，减少氨气等有害气体。安装通风设备，如风扇、通风窗等，确保圈舍内空气流通。氨气浓度过高会刺激羊的呼吸道，影响健康和生产性能。

（四）温度和湿度控制

冬季保暖，夏季防暑降温。冬季可在圈舍内铺设垫草、安装保暖设备；夏季通过遮阳、通风、喷水等措施降低温度，保持湿度在 50%~70%。

（五）圈舍设施维护

定期检查和维修，确保安全。检查圈舍的门窗、栏杆、饮水设备、饲料槽等是否完好，及时修复损坏的设施，防止羊受伤或影响正常的饲养管理。

三、繁殖管理

(一) 配种方式选择

自然交配或人工授精，根据实际情况选择。自然交配操作简单，但可能存在疾病传播风险；人工授精可以提高优良种公羊的利用率，减少疾病传播，但技术要求较高。例如，小规模养殖可采用自然交配，大规模养殖场多采用人工授精。

(二) 淘汰标准

连续两胎产羔少、体质差、患有严重疾病者淘汰。对于繁殖性能低下、体质虚弱或患有难以治愈的疾病的成年羊，应及时淘汰，以优化羊群结构，提高养殖效益。

(三) 繁殖季节的把握

不同品种的羊繁殖季节有所不同，如绵羊多在秋季发情，山羊全年均可发情。结合当地的气候条件，选择适宜的繁殖季节，有利于提高受孕率和羔羊的成活率。

(四) 提高受孕率的措施

加强营养、选择优质种羊。在配种前，为母羊提供充足的营养，使其达到良好的体况；选择健康、遗传性能优良的种羊进行配种，以提高受孕率和后代质量。

(五) 繁殖记录的完善

包括配种、产羔、羔羊成活等信息。详细记录繁殖过程中的各项数据，有助于分析繁殖性能，总结经验，为后续的繁殖管理提供参考。

四、健康监测

(一) 身体检查项目

包括体温、呼吸、心跳等，还应包括口腔、眼部检查。每天观察羊的精神状态、采食情况，定期测量体温、呼吸频率和心跳次数。检查口腔是否有溃疡、炎症，眼部是否有红肿、分泌物等异常。

（二）疾病预警信号

当羊出现食欲下降、精神萎靡、粪便异常等症状时，可能是患病的前兆。

第六节　肉　羊

一、肉羊品种选择

（一）小尾寒羊

特点：体型高大，被毛白色，四肢较长。具有生长发育快、成熟早、繁殖力强、产肉性能好等优点。

优势：性成熟早，母羊常年发情，可一年两胎或两年三胎，每胎多羔。其产肉性能良好，肉质鲜嫩。

小尾寒羊的高繁殖率为养殖户带来了显著的经济效益。例如，某养殖场通过科学选育和饲养管理，一只优秀的小尾寒羊母羊一年可产羔 3~4 只，且羔羊生长迅速。

（二）杜泊羊

特点：头顶部平直，耳小且向前倾斜，体躯呈桶形，后躯丰满。被毛短而有光泽，分为白头和黑头两种。

优势：适应性极强，采食范围广，能耐受干旱、潮湿和寒冷等各种气候条件。产肉率高，肉品质好。

在我国北方的一些大型养殖场，引入杜泊羊作为父本与当地母羊杂交，其后代在生长速度、饲料转化率和肉品质方面都有明显提升。例如，某养殖场的杂交羊在 6 月龄时体重可达 40 千克以上，屠宰率高达 55%。

（三）湖羊

特点：无角，头狭长，耳大下垂，被毛全白。具有四季发情、繁殖力高、早期生长快、宜舍饲等特点。

优势：湖羊性情温顺，耐湿热，适合在南方地区养殖。其产羔率高，母性好，羔羊成活率高。

在江苏、浙江一带，许多养殖户利用湖羊的特点进行规模化养殖。如某养殖户通过合理的饲料搭配和精细化管理，湖羊母羊平均每胎产羔 2.5 只以上，且羔羊生长良好，为市场提供了大量优质羊肉。

二、羊场建设

（一）选址

地势高燥：选择地势较高、排水良好的地方，避免积水和潮湿。例如，建在山坡的中上部或地势平坦且有一定坡度的地方，以确保雨水能迅速排出。这样可以有效减少羊舍内的潮湿，降低疾病发生的风险。

通风良好：场地要有良好的通风条件，有利于空气流通，减少氨气等有害气体的积聚。如选择开阔的场地，避免被周围建筑物阻挡风道。可以根据当地的主导风向，合理布局羊舍和设施，确保空气能够顺畅地穿过羊场。

水源充足：确保有清洁、充足的水源供应，以满足羊只的饮水和清洁需求。可以是深井、泉水或自来水。可建在靠近河流的地方或自建水井，并安装过滤和净化设备，保证水质安全。

（二）羊舍设计

类型：根据养殖规模和地区气候，选择合适的羊舍类型。开放式羊舍适合气候温暖、通风良好的地区；半开放式羊舍在寒冷季节可以用帆布或塑料薄膜封闭部分区域；封闭式羊舍则能提供更稳定的环境条件，适用于寒冷或气候多变的地区。

布局：包括羊舍、运动场、饲料储存区、兽医室、隔离区等。羊舍内部要划分不同的功能区，如产羔区应保持温暖、安静；育肥区要便于管理和投喂；饲料储存区要干燥通风，防止饲料发霉变质；兽医室应配备基本的诊疗设备和药品；隔离区要与其他区域隔离开，用于隔离患病羊只。

设施：配备合适的羊床、食槽、水槽、通风设备等。羊床要高于地面 50~80 厘米，便于粪便清理，减少疾病传播。食槽和水槽要坚固耐用，易于清洁，防止羊只争抢食物和水时造成损伤。通风设备可以是风扇、通风口等，确保羊舍内空气新鲜。

（三）运动场

面积：面积要足够大，一般每只羊不少于 2~3 平方米。运动场可以让羊只进行适量的运动，增强体质，提高免疫力。对于育肥羊，运动面积可以适当减少；而对于种羊和繁殖母羊，运动面积应相对较大。

地面：地面可以是沙土地或砖铺地面，保持干燥和清洁。沙土地具有良好的渗水性，能减少积水；砖铺地面便于清扫和消毒。地面要保持一定的坡度，以便排水。

围栏：安装牢固的围栏，高度一般在 1.2~1.5 米，防止羊只逃跑和外界动物进入。围栏的材料可以是铁丝网、木栅栏等，要定期检查和维修，确保其安全性。

三、饲料管理

（一）粗饲料

青贮饲料：如青贮玉米、青贮苜蓿等。青贮制作时要压实密封，确保青贮质量。例如，在青贮窖中，将青贮原料逐层装填，每装填 20~30 厘米厚，用拖拉机或人力进行压实，排出空气，减少氧气残留。装填完成后，用塑料薄膜覆盖，顶部和四周用土压实密封，防止空气和雨水进入。

干草：包括苜蓿干草、羊草等。干草要储存于干燥通风处，防止发霉。可以搭建专门的干草棚，避免阳光直射和雨水淋湿。干草储存时要注意防火，定期检查干草的质量，如有发霉变质的要及时清理。

农作物秸秆：如玉米秸秆、麦秸等，可通过粉碎、氨化等处理提高适口性。粉碎后的秸秆长度一般在 2~3 厘米，便于羊只采食和消化。氨化处理可以使用尿素或氨水，按照一定比例与秸秆混合，密封一段时间后使用，能提高秸秆的蛋白质含量和消化率。

（二）精饲料

玉米：主要的能量饲料，要选择优质、无霉变的玉米。优质玉米颗粒饱满，色泽鲜艳，无异味。储存玉米时要注意防潮、防虫，定期检查，防止霉变。

豆粕：富含蛋白质，是精饲料的重要组成部分。选择豆粕时要注意其蛋白质含量和质量，避免购买掺杂使假的产品。

矿物质和维生素添加剂：根据羊只的生长阶段和生理需求添加。例如，育肥羊需要更多的钙、磷等矿物质，以促进骨骼发育；怀孕母羊需要补充维生素 A、维生素 D、维生素 E 等，以保证胎儿的正常发育。

（三）饲料调配

1. 羔羊饲养

（1）尽早吃初乳对于新生羔羊来说至关重要。羔羊出生后应在 1~2 小时内吃到初乳，这是因为初乳中富含免疫球蛋白和丰富的营养物质。免疫球蛋白能够迅速增强羔羊的免疫力和抵抗力，帮助其抵御外界病原体的侵袭；丰富的营养物质则为羔羊的早期生长和发育提供了关键的能量和营养支持。

（2）适时补料也是羔羊饲养中的重要环节。一般在 7~

10 日龄开始诱食，逐渐过渡到采食固体饲料。这有助于促进羔羊瘤胃的发育，使其逐渐适应从母乳到固体饲料的转变，为后续的生长和育肥奠定良好的基础。

（3）断奶管理对于羔羊的健康成长同样不容忽视。羔羊通常在 2~3 月龄断奶，断奶过程应逐渐进行，以减少应激反应对羔羊的影响。可以通过逐渐减少母乳的喂养次数和增加固体饲料的供应，让羔羊平稳地过渡到独立采食阶段。例如，开始时每天减少 1 次母乳饲喂，同时增加适量的精饲料和优质干草，经过一周左右，再减少 1 次母乳饲喂，直至完全断奶。在断奶期间，要密切观察羔羊的精神状态和采食情况，如有异常应及时调整断奶进度和饲料配方。

2. 育成羊饲养

（1）控制生长速度对于育成羊的健康和未来的繁殖性能至关重要。避免育成羊过度生长或肥胖，有助于其生殖系统的正常发育。过度生长或肥胖可能导致生殖器官发育不良、发情不规律等问题，从而影响其繁殖效率和生产性能。可以通过合理调整饲料的营养成分和饲喂量来控制育成羊的生长速度，使其达到适宜的体重和体况。

（2）加强运动对于育成羊的骨骼和肌肉发育以及整体体质的提升具有重要意义。每天保证一定的运动时间，可以促进骨骼的钙化和肌肉的生长，增强心肺功能，提高免疫力，使育成羊更加健康和强壮。例如，每天让育成羊在运动场上自由活动 2~3 小时，或者进行驱赶运动 1~2 小时。运动还可以增强羊的合群性和适应性，减少应激反应的发生。

3. 育肥羊饲养

（1）直线育肥法是一种高效的育肥方式，从羔羊断奶后就开始提供高营养的饲料，使其能够持续快速地增重和育肥。这种方法能够缩短育肥周期，提高饲料转化率和经济效益。在直线育肥过程中，要根据羊的体重和生长阶段，及时调整饲料配方，保证营养的均衡供应。

（2）分群饲养是根据羊的体重、性别、年龄和健康状况进行的科学管理措施。将具有相似特征的羊放在一起饲养，可以提供更加精准的饲料供应和管理，提高育肥效果和均匀度。例如，将体重相近的羊分为一组，根据每组羊的平均体重和生长速度，制订相应的饲喂计划，确保每只羊都能得到充分的营养和生长空间。

（3）定期称重是监测育肥羊生长速度和育肥效果的重要手段。通过定期称重，可以及时了解羊的体重变化，调整饲料配方和饲养管理措施，确保育肥目标的实现。一般每周或每两周称重 1 次，根据称重结果分析育肥效果，对饲料和管理进行相应的调整。

4. 繁殖母羊饲养

空怀期的母羊需要保持中等膘情，通过适当控制饲料的摄入量，维持其良好的体况。过肥或过瘦都会影响母羊的发情和受孕率。可以根据母羊的体况，调整粗饲料和精饲料的比例，同时增加适量的维生素和矿物质添加剂，促进母羊的生殖机能恢复。

（1）妊娠期。

前期：由于胎儿生长缓慢，母羊的营养需求相对较低，但仍需保持饲料的质量和营养均衡，避免过度饲喂导致胎儿过大或母羊肥胖。可以提供适量的优质粗饲料和少量的精饲料，同时注意补充叶酸、铁、锌等微量元素。

后期：随着胎儿的迅速生长，母羊需要逐渐增加营养供应。增加精饲料的比例，但要注意控制总量，防止母羊过肥，引发难产等问题。例如，在妊娠后期，可以将精饲料的比例提高到 30%～40%，同时增加蛋白质、钙、磷等营养物质的供应，以满足胎儿和母羊的需求。

（2）哺乳期。母羊在产奶期间需要消耗大量的营养物质，因此应提供高能量、高蛋白、富含矿物质和维生素的饲料。增加饲喂次数和饲料量，以满足母羊产奶和自身恢复的双重需求。可以在饲料中添加豆粕、鱼粉等优质蛋白质饲料，以及骨粉、磷酸氢钙等矿物质饲料，同时保证充足的饮水供应。

四、繁殖技术

（一）发情鉴定

观察法：通过观察母羊的行为、外阴部变化等判断发情。发情母羊会表现出不安、鸣叫、食欲减退、接受公羊爬跨等行为。外阴部会出现红肿、有黏液流出等变化。

试情法：将试情公羊放入母羊群中，通过试情公羊的反应来判断母羊是否发情。试情公羊通常会追逐、爬跨发情母羊。试情公羊要经过去势处理，且要定期更换，以保持其试情的敏感性。

（二）配种

自然交配：按照公母比例将公羊放入母羊群中进行自然交配。一般公母比例为 1：（20~30）。在自然交配时，要注意观察公羊和母羊的交配情况，避免公羊过度交配或争斗。

人工授精：采集公羊精液，经过处理后输入母羊生殖道内。人工授精可以提高优良种公羊的利用率，减少疾病传播。采集精液时要严格遵守操作规程，保证精液的质量。在输精时，要选择合适的输精时间和输精部位，提高受胎率。

（三）妊娠与分娩

妊娠诊断：通过腹部触诊、B 超检查等方法确定母羊是否妊娠。腹部触诊需要一定的经验和技巧，一般在妊娠 40~50 天后可以进行。B 超检查则更加准确和直观，可以在妊娠 30 天左右进行。

妊娠期管理：提供充足的营养，避免惊吓和剧烈运动。妊娠期母羊的营养需求增加，要根据妊娠阶段调整饲料配方。同时，要保持羊舍环境安静，避免母羊受到惊吓和挤压。

分娩：做好接产准备，及时处理难产情况。接产前要准备好消毒的工具和药品，如剪刀、碘酒等。当母羊分娩时，要帮助其舔干羔羊身上的黏液，剪断脐带并消毒。如果出现难产，要及时采取助产措施，必要时请兽医协助。

（四）产后护理

1. 母羊护理

提供充足的清洁饮水和营养丰富的饲料，促进母羊恢复体力和产奶。对产后母羊进行消炎处理，防止感染。

2. 羔羊护理

及时让羔羊吃上初乳，增强免疫力。做好羔羊的保暖工作，保持环境干燥、卫生。

例如，在某肉羊养殖场，通过准确的发情鉴定和适时配种，采用人工授精技术，并加强妊娠期和产后的精心管理，使得母羊的受孕率和羔羊的成活率都得到了显著提高，从而提高了养殖场的经济效益。

五、疾病防控

（一）免疫接种

制订免疫程序：根据当地疫病流行情况和羊只年龄，制订免疫计划，如口蹄疫、小反刍兽疫、羊痘、布鲁氏菌病等疫苗的接种。免疫程序要根据实际情况进行调整和完善，确保疫苗的接种效果。

严格操作：按照疫苗说明书进行接种，确保免疫效果。接种时要选择合适的疫苗剂型和剂量，使用正确的接种方法和部位。接种后要观察羊只的反应，如有异常要及时处理。

（二）定期驱虫

体内驱虫：选用合适的驱虫药物，如阿苯达唑、伊维菌素等。驱虫时间一般在春秋两季进行，育肥羊在育肥前也要进行驱虫。驱虫时要按照药物的使用说明和剂量进行，避免药物中毒。

体外驱虫：使用药浴或喷雾的方式防治体外寄生虫。药浴时要选择天气晴朗、温度适宜的时候进行，确保羊只在药浴中浸泡足够的时间。喷雾时要注意药物的浓度和均匀度，避免遗漏。

（三）消毒与隔离

定期消毒：对羊舍、运动场、器具等进行消毒。消毒药可以选择氢氧化钠、过氧乙酸、碘伏等。消毒时要全面彻底，不留死角。消毒频率一般为每周 1~2 次。

病羊隔离：发现病羊及时隔离治疗，防止疫情扩散。隔离区要远离健康羊群，并有专人负责管理和治疗。隔离区内的设施和用具要单独使用，消毒处理后才能再次使用。

（四）疾病监测

日常观察：观察羊只的精神状态、采食情况、粪便等，及时发现异常。每天要对羊群进行巡视，观察羊只的行为、外貌和排泄物等。如发现羊只出现精神不振、食欲减退、腹泻等异常情况，要及时进行诊断和治疗。

实验室检测：定期进行血液、粪便等样本的检测。实验室检测可以及时发现潜在的疫病，为疾病防控提供科学依据。检测项目可以包括寄生虫、传染病、营养代谢病等。

六、日常管理

（一）饮水管理

（1）提供清洁、新鲜的饮水对于肉羊的健康至关重要。

每天都要更换水槽中的水，以确保水质的卫生。清洁的饮水可以减少消化道疾病的发生，促进营养物质的消化和吸收。在冬季，为了避免肉羊饮用冷水导致消化问题，应供应温水。温水不仅有助于保持羊的体温，还能减少冷应激对其生理机能的影响。此外，要根据羊的采食量和季节变化，合理调整饮水量。例如，在夏季高温时，羊的饮水量会明显增加，应确保水槽始终有充足的水分供应。

（2）还要注意饮水的质量，避免给羊饮用受到污染的水。可以定期对水源进行检测和消毒，确保水质符合卫生标准。如果使用自来水或井水，要先进行沉淀和过滤，去除杂质和有害物质。

（二）卫生清洁

（1）每天清理羊舍内的粪便和杂物是保持羊舍卫生的基本要求。及时清除粪便可以减少氨气和硫化氢等有害气体的产生，降低呼吸道疾病的发生风险。同时，要定期对粪便进行无害化处理，如堆积发酵、沼气池处理等，以减少环境污染。

（2）定期对羊舍、运动场、用具等进行消毒是预防疾病传播的重要措施。常用的消毒剂如石灰乳、烧碱、过氧乙酸等具有广谱杀菌作用，能够有效杀灭病原体，保障羊群的健康。消毒时要注意全面、彻底，不留死角。例如，对羊舍的墙壁、地面、顶棚、食槽、水槽等进行全面喷洒或擦拭消毒，消毒后要保持通风，让消毒剂的气味散发出去。

（3）除了定期消毒外，还要保持羊舍的干燥和通风。潮湿的环境容易滋生细菌和霉菌，引发疾病。可以在羊舍内设置通风设备，如风扇、通风口等，加强空气流通。

（三）观察羊群

（1）每天观察羊的精神状态、采食情况、粪便颜色和形状等是及时发现羊群健康问题的有效方法。健康的羊通常精神活泼、食欲旺盛、粪便正常。如果发现羊精神沉郁、食欲不振、粪便异常等，可能是患病的征兆，应及时隔离诊断和治疗。例如，一只羊出现咳嗽、流鼻涕等症状，可能是感染了呼吸道疾病，需要及时使用抗生素进行治疗，并对同群羊进行预防性用药。

（2）还要注意观察羊的行为和体态。如果羊出现跛行、脱毛、皮肤红肿等症状，也可能是疾病的表现。同时，要定期对羊群进行体检，如测量体温、听诊心肺等，以便早期发现潜在的健康问题。例如，每月对羊群进行1次体检，及时发现和处理疾病，保障羊群的健康。

第七节　绵　羊

一、品种选择

（一）产肉型品种

杜泊羊：生长速度快，胴体品质好，适应性强。
小尾寒羊：繁殖力高，早期生长发育快，肉质细嫩。
夏洛莱羊：体型大，肌肉发达，产肉性能良好。

（二）产毛型品种

美利奴羊：羊毛品质优良，细度均匀，柔软有光泽。
考力代羊：产毛量高，毛质较好。

（三）选择要点

健康状况：观察羊的精神状态、食欲、呼吸、粪便等，选择活泼、无疾病症状的个体。
体型外貌：体形匀称，结构良好，四肢健壮，头型端正。
适应性：优先选择适应本地气候和环境条件的品种。

二、饲料管理

(一) 饲喂量

育成羊：干物质采食量为体重的 2.5%~3%。

成年母羊：妊娠前期为体重的 2%~2.5%，妊娠后期为体重的 2.5%~3%。

成年公羊：体重的 2.5%~3%。

(二) 饲喂时间

早、中、晚 3 次定时饲喂，夜间可适当补饲。

先粗后精，避免羊挑食。

三、繁殖管理

(一) 妊娠期管理

营养：提供富含蛋白质、矿物质和维生素的饲料，满足胎儿生长发育需求。

运动：适当运动，增强母羊体质，但避免剧烈运动。

保胎：避免惊吓、拥挤、滑倒等，防止流产。

(二) 产羔管理

产前准备：准备好产羔房，消毒、铺垫干净的垫草。

接产：密切观察母羊分娩过程，必要时进行助产。

产后护理：及时清除羔羊口鼻中的黏液，让母羊舔舐羔羊身上的黏液，促进母子关系建立。

四、疾病防控

(一) 免疫接种

制订免疫计划：根据当地疫病流行情况和羊群年龄、健康状况制订。

常见疫苗：口蹄疫疫苗、羊痘疫苗、小反刍兽疫疫苗等。

免疫操作：严格按照疫苗说明书进行接种，保证接种剂量和方法正确。

（二）驱虫

体内驱虫：主要针对胃肠道寄生虫，如蛔虫、绦虫等。

体外驱虫：防治疥螨、跳蚤等寄生虫。

驱虫时间：春秋两季各进行 1 次全面驱虫，育肥羊在育肥前进行驱虫。

（三）卫生消毒

羊舍消毒：定期用消毒剂对羊舍地面、墙壁、用具等进行消毒。

环境消毒：对羊场周边环境进行消毒，消灭蚊蝇滋生地。

人员消毒：进入羊场的人员要进行消毒，更换工作服和鞋。

（四）疾病监测

日常观察：每天观察羊群的精神状态、采食、饮水、粪便等情况。

体温检测：定期测量羊的体温，发现异常及时隔离诊断。

病死羊处理：对病死羊进行无害化处理，防止疫病传播。

五、日常管理

（一）分群管理

按年龄分群：将羔羊、育成羊、成年羊分开饲养。

按性别分群：公羊和母羊分开饲养，避免早配。

按生产用途分群：产羔母羊、妊娠母羊、育肥羊等分开管理。

（二）运动

每天保证绵羊有 2~3 小时的运动时间。

运动场地要平坦、干燥，无尖锐物体。

（三）剪毛

时间：一般在春季和秋季进行剪毛。

方法：可手工剪毛或使用电动剪毛机，注意不要剪伤皮肤。

（四）修蹄

定期检查绵羊蹄部，一般每 2~3 个月修蹄 1 次。

用修蹄刀将过长、变形的蹄角质修整整齐。

（五）档案管理

建立羊群档案，记录羊的品种、出生日期、免疫情况、繁殖情况、疾病治疗等信息。

第八节　山　羊

一、活动空间

（一）活动场地面积要求

每只山羊不少于 5 平方米，有条件的可适当增加。充足的活动空间有助于山羊的运动和生长发育，减少争斗和疾病的传播。如果场地过小，山羊可能会感到压抑和焦虑，影响其健康和生产性能。例如，活泼好动的品种如波尔山羊，可能需要更大的活动空间。

（二）攀爬设施示例

用木梯、岩石堆、树枝搭建架子。山羊具有较强的攀爬能力，提供攀爬设施可以满足其天性，增加运动量，同时也有助于锻炼其肌肉和平衡能力。这些设施要牢固可靠，避免倒塌造成山羊受伤。例如，可以定期检查攀爬设施的稳定性，及时修复损坏部分。

（三）活动场地的布局

划分为休息区、采食区、运动区。合理的布局可以提高场地的利用率，让山羊的生活更加有序。休息区要保持安静、舒适；采食区要提供充足的饲料和清洁的饮水；运动区要宽敞开阔，便于山羊活动。例如，可以在采食区设置固定的食槽和水槽，方便管理和清洁。

（四）场地的安全性

避免尖锐物体和深坑。尖锐的物体可能会划伤山羊的皮肤，深坑则可能导致山羊受伤甚至死亡。要定期检查场地，清除可能存在的危险因素。同时，场地周围的围栏要足够高且牢固，防止山羊逃脱。

（五）定期清理活动场地

保持卫生，减少疾病传播。清理粪便、杂物和积水，定期消毒，可以有效降低病原体的滋生和传播。良好的卫生环境有助于预防疾病，提高山羊的免疫力。例如，可以使用生石灰、消毒液等进行消毒。

二、饲料选择

（一）树叶种类偏好

槐树叶、杨树叶、榆树叶等树叶富含蛋白质、维生素和矿物质等营养成分，是山羊喜爱的食物之一。不同季节树叶的营养成分可能会有所变化，要根据实际情况合理选择。例如，春季的榆树叶鲜嫩多汁，营养丰富；秋季的槐树叶则更加干燥，但蛋白质含量较高。

（二）粗饲料储存方法

一般有青贮、晾干、氨化处理。青贮可以保存饲料的营养成分，提高适口性；晾干则便于长期储存；氨化处理可以提高粗饲料的消化率。选择合适的储存方法要考虑饲料的种类、数量和使用时间等因素。例如，青贮适合大量的新鲜牧草，晾干则适合干草的储存。

（三）精饲料的搭配

玉米、豆粕、麦麸等合理搭配。根据山羊的生长阶段和生产性能，调整精饲料中各种原料的比例，以满足其营养需求。例如，育肥期的山羊需要较高比例的能量饲料，如玉米；而哺乳期的山羊则需要更多的蛋白质饲料，如豆粕。

（四）饲料的适口性改善

饲料中添加适量的盐、矿物质等。适量的盐可以提高饲料的适口性，促进山羊的食欲；矿物质的添加可以补充饲料中不足的营养成分，维持山羊的正常生理功能。例如，可以在饲料中添加 0.5%~1% 的盐。

（五）注意饲料的新鲜度

饲料中防止变质和有毒饲料的混入。变质的饲料可能含有霉菌毒素等有害物质，会损害山羊的健康。在采集和储存饲料时，要严格把关，避免有毒植物混入饲料中。例如，要避免采集和使用喷洒过农药的树叶和牧草。

三、繁殖特点

（一）发情鉴定难点

不明显的外部症状，需结合行为和阴道检查。山羊的发情症状相对较不明显，单纯依靠外部观察可能容易错过发情期。因此，需要结合山羊的行为变化，如频繁排尿、兴奋不安等，以及阴道检查来准确判断发情。例如，可以使用阴道开张器进行检查，观察阴道黏膜的颜色、分泌物等情况。

（二）孕期营养重点

注意补充蛋白质和维生素，尤其注意维生素 E 的补充。

蛋白质对于胎儿的生长发育和母羊自身的身体恢复至关重要，维生素则有助于维持母羊的生殖系统健康和免疫力。维生素 E 具有抗氧化作用，能够预防流产和胎儿畸形。例如，可以在孕期饲料中添加富含维生素 E 的原料，如小麦胚芽油。

（三）产羔护理

做好接产准备，及时处理难产情况。提前准备好接产用具，如消毒剪刀、毛巾等。在产羔过程中，要密切观察母羊的情况，遇到难产，要及时采取助产措施，如牵引胎儿、进行剖腹产等。对于胎位不正的情况，要小心地调整胎位，确保顺利产羔。

（四）提高繁殖率的方法

选择优良品种，加强饲养管理。优良的品种具有更好的繁殖性能，通过科学的选种选配可以提高后代的质量和繁殖率。同时，良好的饲养管理，包括合理的营养、适宜的环境和精心的护理，也能够促进母羊的发情和受孕。例如，定期对种羊进行健康检查和繁殖性能评估。

（五）繁殖季节的特点

不同品种和地区之间存在差异。一些山羊品种具有明显的季节性发情特点，而另一些则全年均可发情。此外，不同地区的气候、饲料条件等也会影响山羊的繁殖季节。在实际养殖中，要根据当地的情况和品种特点，合理安排繁殖计划。

第五章　羊疫病防控

第一节　羊病毒性疫病

一、羊痘

(一) 症状表现

羊痘发病初期，病羊体温迅速升高，可达 41~42℃，精神萎靡，食欲不振，眼结膜潮红，流泪。皮肤和黏膜上开始出现红斑，尤其是在无毛或少毛的部位，如眼周、口鼻、乳房、外生殖器和四肢内侧等。这些红斑逐渐形成坚硬的丘疹，然后发展为水疱，水疱内充满透明的液体。随着病情的发展，水疱会变成脓疱，脓疱中央凹陷，周围隆起，最后脓疱干涸，形成黑褐色的痂皮。痂皮脱落后会留下红斑或白色的疤痕。病羊还可能出现咳嗽、呼吸困难、淋巴结肿大等症状。

(二) 传播途径

羊痘主要通过呼吸道传播，病毒存在于病羊的鼻液、唾液、痘疹渗出液等分泌物中，当病羊咳嗽、打喷嚏时，病毒会以飞沫的形式传播给健康羊。此外，病毒也可以通过损伤的皮肤和黏膜感染，如蚊虫叮咬、擦伤、抓伤等。接触病羊的分泌物、排泄物以及被污染的饲料、饮水、用具等也可间接传播病毒。

(三) 防治措施

预防羊痘的关键在于疫苗接种。应根据当地的疫病流行情况和羊的年龄、健康状况等因素，制订合理的免疫程序。同时，要加强饲养管理，保持羊舍清洁、干燥、通风，定期消毒，避免羊群拥挤和应激。发病时，应立即对病羊进行隔离治疗，对羊舍和用具进行彻底消毒。治疗可采用抗病毒药物，如利巴韦林、阿昔洛韦等，同时使用抗生素防止继发感染。对于皮肤痘疹，可以用碘酒、紫药水等涂抹，促进愈合。

二、小反刍兽疫

（一）症状表现

小反刍兽疫急性发作时，病羊体温急剧升高，可达 40 ~ 41℃，并持续 3 ~ 5 天。病羊精神极度沉郁，食欲废绝，口鼻干燥，流黏液脓性鼻漏。眼结膜潮红，流泪，随后出现脓性眼屎。口腔黏膜弥漫性溃疡，出现坏死性病灶，初期为小水疱，后期发展为糜烂。严重腹泻，粪便稀软，有时带有血液，气味恶臭。咳嗽，呼吸急促，胸部听诊有啰音。怀孕母羊可能发生流产。

（二）传播途径

小反刍兽疫主要通过直接接触传播，病羊的分泌物、排泄物、呼出的气体中都含有大量病毒，健康羊接触后容易感染。此外，病毒也可以通过被污染的饲料、饮水、用具以及运输工具等间接传播。空气传播在本病的扩散中也起到一定作用，病毒可以形成气溶胶，在短距离内传播。

（三）防治措施

预防小反刍兽疫主要依靠定期进行疫苗免疫，常用的疫苗有小反刍兽疫活疫苗。加强检疫工作，严格限制羊只的流动，避免从疫区引进羊只。一旦发现疫情，应立即采取封锁、隔离、扑杀、消毒等严格的防控措施。对受威胁的羊群进行紧急免疫接种。对病死羊和扑杀的羊只进行无害化处理，防止疫情扩散。

三、蓝舌病

(一) 症状表现

蓝舌病的症状表现多样。病羊在感染初期体温升高,可达40~42℃,精神沉郁,厌食。口腔黏膜充血、肿胀,随后出现糜烂。唇部水肿、发绀,舌头肿胀,呈蓝色,活动不便。蹄部出现炎症,表现为跛行,蹄冠和蹄叶发炎、溃烂。鼻腔和鼻窦发炎,流出黏性分泌物。有些病羊还会出现肺炎、胃肠炎等症状,怀孕母羊可能流产或产出畸形胎儿。

(二) 传播途径

蓝舌病主要通过库蠓叮咬传播,库蠓在吸食病羊血液后,再叮咬健康羊时将病毒传播给它们。此外,病毒也可以通过胎盘传播给胎儿。

(三) 防治措施

预防蓝舌病的重点在于消灭库蠓,可在羊舍周围喷洒杀虫剂,减少库蠓的滋生。定期对羊群进行驱虫,增强羊的抵抗力。目前尚无特效治疗药物,发病后主要采取对症治疗,如用硼酸溶液冲洗口腔,涂抹碘甘油等,以减轻症状。同时,要加强护理,提供充足的饮水和营养,促进病羊康复。

四、羊传染性脓疱

(一) 症状表现

羊传染性脓疱初期在口唇周围、鼻孔周围、眼睑等部位出现小红斑,随后发展为丘疹、水疱。水疱很快破裂形成脓疱,脓疱周围有红晕,脓疱内充满黄色脓液。脓疱破裂后形成黄色或棕色的疣状厚痂,痂皮干燥、坚硬,附着在皮肤表面。严重病例,痂皮可蔓延至口腔黏膜、舌、鼻、眼睑等部位,影响采食和呼吸。病羊采食困难,日渐消瘦。

（二）传播途径

羊传染性脓疱主要通过直接接触传播，病羊的痂皮和渗出液中含有大量病毒，健康羊接触后容易感染。此外，被污染的饲料、饮水、用具等也可间接传播本病。

（三）防治措施

预防本病要加强饲养管理，保持羊舍清洁卫生，定期消毒。避免羊群拥挤和互相啃咬。发病时，及时隔离病羊，对病部进行清洗和消毒，去除痂皮，涂抹抗生素软膏或紫药水等。同时，给病羊补充营养，增强抵抗力。

五、伪狂犬病

（一）症状表现

羊感染伪狂犬病后，初期表现为体温升高，精神沉郁，食欲不振。随后出现奇痒症状，病羊不断摩擦、啃咬自身，导致皮肤擦伤、破损。接着会出现神经症状，如共济失调、站立不稳、转圈、倒地抽搐、麻痹等。有些病羊还会出现流涎、呕吐、腹泻等症状。

（二）传播途径

伪狂犬病主要通过直接接触传播，病羊的唾液、鼻液、乳汁、尿液等分泌物中含有病毒，健康羊接触后容易感染。此外，病毒也可以通过呼吸道、消化道传播，还可以通过胎盘垂直传播给胎儿。

（三）防治措施

目前尚无特效治疗药物，预防本病的关键是做好灭鼠工作，防止鼠类传播病毒。定期对羊群进行免疫接种，选用有效的伪狂犬病疫苗。发病后，应立即扑杀病羊，并进行无害化处理，对羊舍和用具进行彻底消毒。

第二节　常见的羊细菌性疫病

一、链球菌病

（一）症状表现

羊链球菌病分为急性型和慢性型。急性型病羊突然发病，体温升高至 41℃ 以上，精神极度沉郁，不愿走动。眼结膜充血、流泪，有脓性分泌物。鼻腔流出浆液性或脓性鼻液，呼吸困难，咳嗽。咽喉部和颌下淋巴结肿大。有的病羊出现跛行，关节肿胀、疼痛。急性型若不及时治疗，多在 1~3 天内死亡。慢性型病羊主要表现为关节炎、腱鞘炎、淋巴结脓肿等症状，病程较长，可达数周或数月。

（二）传播途径

链球菌病主要通过呼吸道和消化道传播，病羊的分泌物、排泄物中含有大量链球菌，通过飞沫、尘埃、饲料、饮水等途径传播给健康羊。此外，皮肤伤口、黏膜损伤等也容易感染本病。

（三）防治措施

预防链球菌病要加强饲养管理，保持羊舍清洁、干燥、通风良好。定期进行消毒，杀灭环境中的病原菌。根据当地疫情流行情况，适时进行疫苗免疫接种。发病时，应及时隔离病羊，对羊舍进行彻底消毒。治疗可选用青霉素、磺胺嘧啶钠等抗生素，根据病情进行肌内注射或静脉注射，同时配合解热镇痛、消炎等药物进行对症治疗。

二、沙门氏菌病

（一）症状表现

羊沙门氏菌病主要有下痢型和流产型两种表现。下痢型病羊表现为体温升高，精神沉郁，食欲减退或废绝。腹泻，粪便呈水样，有时带有黏液和血液，有恶臭。病羊迅速消瘦，脱水，眼窝下陷。流产型主要发生于怀孕母羊，在怀孕后期突然发生流产，产出的胎儿多为死胎或弱胎。

（二）传播途径

沙门氏菌病主要通过消化道传播，病羊的粪便、乳汁、尿液等含有病原菌，污染饲料、饮水后被健康羊摄入而感染。也可通过交配传播，或由带菌母羊经胎盘垂直传播给胎儿。

（三）防治措施

预防本病要加强饲养管理，提供清洁的饮水和优质的饲料。定期对羊舍和用具进行消毒。不从疫区引进羊只，新引进的羊只应进行隔离观察和检疫。发病时，及时隔离病羊，对病死羊进行无害化处理。治疗可选用氟苯尼考、恩诺沙星等抗生素，并进行补液、止泻等对症治疗。

三、李氏杆菌病

（一）症状表现

李氏杆菌病的症状因感染类型和羊的个体差异而有所不同。急性型病羊表现为突然发病，体温升高，精神沉郁，昏迷，有时出现转圈、共济失调等神经症状。有的病羊发生流产。亚急性型病羊主要表现为脑炎症状，如头颈歪斜、视力障碍、转圈等。慢性型病羊表现为消瘦、贫血、生长发育迟缓。

（二）传播途径

李氏杆菌病主要通过消化道、呼吸道、眼结膜以及损伤的皮肤等途径感染。病羊的粪便、尿液、乳汁等分泌物中含有病原菌，污染环境和饲料后传播给健康羊。

（三）防治措施

预防李氏杆菌病要加强饲养管理，保持羊舍卫生，定期消毒。严格控制饲料和饮水的卫生。发病时，及时隔离病羊，选用磺胺类药物、庆大霉素等进行治疗，并采取对症治疗措施，如补液、调节电解质平衡等。

第三节　羊寄生虫性疫病

一、绦虫病

(一) 症状表现

羊感染绦虫后，表现为消瘦、贫血、腹泻，有时粪便中可见白色的绦虫节片。病羊食欲不振，被毛粗乱，精神萎靡。严重感染时，可导致肠阻塞、肠套叠等并发症，甚至死亡。

(二) 传播途径

绦虫的传播主要通过中间宿主，如地螨等。羊吞食了含有绦虫幼虫的地螨而感染。

(三) 防治措施

定期进行驱虫，选用吡喹酮、阿苯达唑等驱虫药物。加强羊舍和牧场的卫生管理，消灭中间宿主。

二、消化道线虫病

(一) 症状表现

病羊食欲减退，消瘦，贫血，腹泻，有时粪便中带血。羔羊生长发育迟缓，严重时可导致死亡。

(二) 传播途径

主要通过吞食含有线虫卵的牧草或饮水感染。

(三) 防治措施

定期驱虫，改善饲养管理，提供清洁的饮水和优质的饲料。

三、肺线虫病

（一）症状表现

病羊咳嗽，尤其在清晨和夜间咳嗽加剧。呼吸困难，体温升高，消瘦，贫血。

（二）传播途径

通过吞食含有幼虫的中间宿主或吸入感染性幼虫传播。

（三）防治措施

定期驱虫，加强羊舍通风，保持环境干燥。

四、疥螨病

（一）症状表现

病羊皮肤瘙痒，不断摩擦、啃咬患部，导致皮肤增厚、脱毛、结痂。严重时皮肤出现龟裂、化脓。

（二）传播途径

直接接触传播，也可通过被污染的用具传播。

（三）防治措施

定期药浴，使用伊维菌素等药物进行治疗，对羊舍和用具进行消毒。

五、羊鼻蝇蛆病

（一）症状表现

病羊表现为鼻腔分泌物增多，打喷嚏，呼吸困难，有时可见蝇蛆从鼻孔爬出。

（二）传播途径

成蝇将幼虫产在羊的鼻腔内，幼虫在鼻腔内发育引起症状。

（三）防治措施

定期使用驱虫药物，如敌百虫等，喷入鼻腔进行治疗。

第四节　羊呼吸疾病

一、传染性胸膜肺炎

（一）症状表现

病羊体温升高，可达 41~42℃，精神沉郁，食欲废绝。咳嗽，呼吸困难，呈腹式呼吸。鼻腔流出浆液性或脓性分泌物。胸部听诊有摩擦音和啰音。

（二）传播途径

主要通过飞沫传播，也可通过接触传播。

（三）防治措施

加强饲养管理，定期免疫接种。发病时隔离治疗，使用抗生素，如土霉素、四环素等。

二、肺炎链球菌肺炎

（一）症状表现

病羊高热，咳嗽，呼吸困难，肺部听诊有湿啰音。精神不振，食欲减退。

（二）传播途径

通过呼吸道传播，也可通过接触传播。

（三）防治措施

做好环境卫生，定期消毒。发病后使用抗生素治疗，如青霉素。

三、支原体肺炎

（一）症状表现

病羊咳嗽，初期为干咳，后期为湿咳。体温升高，呼吸困难，渐进性消瘦。

（二）传播途径

主要通过飞沫传播。

（三）防治措施

加强饲养管理，增强羊的抵抗力。发病时使用泰乐菌素等药物治疗。

四、巴氏杆菌性肺炎

（一）症状表现

病羊高热，呼吸困难，咳嗽，有脓性鼻液。肺部听诊有啰音，精神沉郁。

（二）传播途径

通过呼吸道和消化道传播。

（三）防治措施

定期消毒，免疫接种。发病时使用磺胺类药物等治疗。

五、霉菌性肺炎

（一）症状表现

病羊咳嗽，呼吸急促，体温升高。肺部听诊有干啰音或湿啰音，消瘦。

（二）传播途径

吸入霉菌孢子感染。

（三）防治措施

保持羊舍干燥通风，避免饲料发霉。发病时使用抗真菌药物治疗。

第五节　多病原混合感染的常发病

一、羊支原体与巴氏杆菌混合感染

（一）症状表现

病羊出现高热、咳嗽、呼吸困难等严重的呼吸道症状，精神萎靡，食欲废绝。肺部病变明显，可能伴有肺炎、胸膜炎等并发症。

（二）传播途径

主要通过飞沫传播和接触传播。

（三）防治措施

加强饲养管理，保持环境清洁。定期进行疫苗接种和药物预防。发病时，及时隔离病羊，使用对支原体和巴氏杆菌有效的药物进行联合治疗。

二、羊链球菌与巴氏杆菌混合感染

（一）症状表现

病羊体温升高，咳嗽，呼吸困难，流鼻涕。关节肿胀、疼痛，行走困难。可能出现败血症症状，如皮肤淤血、出血等。

（二）传播途径

通过呼吸道、消化道和接触传播。

（三）防治措施

做好羊舍的卫生消毒工作。定期进行免疫接种。发病后，采取隔离、消毒和药物治疗等综合措施，选择对链球菌和巴氏杆菌敏感的药物进行治疗。

三、羊病毒与细菌混合感染

（一）症状表现

病羊表现出复杂的症状，包括发热、咳嗽、腹泻、呼吸困难等。病情严重，病程较长，容易导致死亡。

（二）传播途径

通过多种途径传播，如呼吸道、消化道、接触等。

（三）防治措施

加强疫病监测，及时发现和处理疫情。做好疫苗接种和生物安全措施。发病时，根据具体的病毒和细菌种类，选择合适的药物进行综合治疗。

四、羊寄生虫与细菌混合感染

（一）症状表现

病羊既有寄生虫感染引起的消瘦、贫血、腹泻等症状，又有细菌感染导致的发热、咳嗽、呼吸困难等症状。

（二）传播途径

寄生虫通过特定的途径感染羊，细菌通过接触、消化道等途径传播。

（三）防治措施

定期进行驱虫和消毒。加强饲养管理，提高羊的抵抗力。发病时，针对寄生虫和细菌分别使用有效的药物进行治疗。

第六节　人畜共患病

一、羊布鲁氏菌病

（一）症状表现

多数羊感染后症状不明显。怀孕母羊可能发生流产、死胎或弱胎。公羊可能发生睾丸炎和附睾炎。

（二）传播途径

主要通过消化道传播，如采食被污染的饲料、饮水；也可通过交配、皮肤黏膜接触等途径传播。

（三）防治措施

定期对羊群进行检疫，淘汰阳性羊。加强饲养管理，做好消毒工作。对养殖场工作人员进行防护和健康监测。

二、羊结核病

（一）症状表现

病羊逐渐消瘦，咳嗽，呼吸困难，体表淋巴结肿大。有的病羊出现乳房结核、肠结核等症状。

（二）传播途径

主要通过呼吸道和消化道传播，病羊的痰液、粪便、乳汁等含有结核菌，可传播给健康羊和人。

（三）防治措施

加强检疫，及时发现和处理病羊。做好养殖场的清洁卫生和消毒工作。对健康羊进行疫苗接种。

三、羊炭疽

（一）症状表现

急性型病羊突然发病，体温升高，昏迷，呼吸困难，可视黏膜发绀，天然孔出血，常在数小时内死亡。慢性型表现为局部皮肤水肿、溃疡等。

（二）传播途径

主要通过消化道感染，也可通过呼吸道和损伤的皮肤感染。

（三）防治措施

严禁在炭疽疫区放牧。定期进行疫苗接种。发现病羊立即隔离、上报，并进行无害化处理。

四、羊弓形体病

（一）症状表现

发热、咳嗽、呼吸困难、神经症状，怀孕母羊可流产、产死胎或畸形胎。

（二）传播途径

通过摄入含有包囊或卵囊的食物、水，或接触感染动物的分泌物等途径传播。

（三）防治措施

定期驱虫，加强环境卫生管理。对病羊进行药物治疗。

五、羊钩端螺旋体病

（一）症状表现

发热、黄疸、血尿、贫血、水肿，孕羊可流产。

（二）传播途径

通过接触被污染的水、土壤或感染动物的尿液等途径传播。

（三）防治措施

做好灭鼠工作，防止水源污染。定期对羊群进行检疫和免疫接种。

第六章　牛羊粪污处理及资源化利用技术

牛羊粪污处理及资源化利用技术是指一系列针对牛羊养殖过程中产生的粪便和污水进行收集、运输、处理和转化的方法与手段，旨在减少其对环境的污染，并将其中的有用成分转化为可再利用的资源，如肥料、能源、饲料等。

第一节　粪污特性

一、形状和质地

牛和羊的消化系统有所不同，这导致它们产生的粪污在形状和质地上存在明显差异。牛粪通常呈现较大的块状，质地相对疏松。羊粪则多为颗粒状，质地较为紧实。形状和质地不仅影响粪污的堆积和分布，还影响后续的处理和利用。

二、化学特性

1. 氮、磷、钾的含量

氮、磷、钾是植物生长所需的主要营养元素，牛羊粪污中均含有一定量的氮、磷、钾。但其含量会因动物的饮食、品种和生理状态等因素而有所差异。

2. 有机物的种类

有机物包括纤维素、半纤维素、蛋白质、脂肪等。这些有机物在粪污的分解和转化过程中起着重要作用。

3. 主要成分的测定

测定粪污中主要成分的含量通常采用化学分析方法，如凯氏定氮法测定氮含量、分光光度法测定磷含量等。

三、生物特性

牛羊粪污中存在着丰富多样的微生物群落，这些微生物在粪污的分解和转化过程中发挥着重要作用。

（一）有益微生物的作用

有益微生物如芽孢杆菌、乳酸菌等可以促进有机物的分解，抑制有害微生物的生长，提高粪污的腐熟速度和质量。

（二）有害微生物的防控

有害微生物如大肠杆菌、沙门氏菌等可能会导致疾病传播，需要采取措施进行防控，如加强卫生管理、消毒等。

（三）微生物种类的鉴定

可以通过传统的培养方法、分子生物学技术（如 PCR 技术）等对粪污中的微生物种类进行鉴定和分析。

第二节　粪污的清理与收集方法

一、清理方式

（一）人工清理

人工清理作为一种传统的粪污清理方式，在某些特定情况下仍然具有不可替代的作用。然而，它也存在一些明显的局限性。

1. 人工清理的工具选择

人工清理常用的工具包括铲子、扫帚、推车和粪叉等。铲子的材质和形状多样，如铁质的平铲适合清理大面积的粪污，而尖铲则便于处理角落和缝隙中的粪污。扫帚分为软毛和硬毛，软毛扫帚适合清扫细小的颗粒，硬毛扫帚则更适合清除结块的粪污。推车的容量和轮子质量会影响运输的效率和便利性。

2. 人工清理的劳动强度

人工清理需要养殖人员进行大量的体力劳动，尤其是在大规模的养殖场中。长时间的弯腰、搬运和清扫动作容易导致工人疲劳、肌肉拉伤甚至患上职业病。此外，高强度的劳动也可能影响工作效率和清理质量。

3. 人工清理的适用场景

人工清理适用于养殖规模较小、场地狭窄、设备难以进入的区域，或者对于一些精细的清理工作，如清理产仔栏、隔离病房等。在这些场景中，人工能够凭借灵活性和细致性更好地完成清理任务。

(二) 机械清理

随着养殖业的规模化和现代化发展，机械清理逐渐成为主流的清理方式。

1. 常见的机械清理设备

常见的机械清理设备包括刮粪板、输送带、吸粪车等。刮粪板通过机械驱动在地面上往复运动，将粪污刮至指定位置；输送带则可以将粪污持续输送至收集点；吸粪车利用负压原理将粪污吸入罐体进行运输。

2. 机械清理的效率分析

机械清理相比人工清理，具有更高的效率。它能够在短时间内清理大量的粪污，减少清理时间和人力成本。然而，机械清理的效率也受设备性能、养殖场布局和粪污特性等因素的影响。

3. 机械清理的成本核算

机械清理需要投入购买设备的资金、设备的维护和保养费用、能源消耗以及操作人员的培训成本等。在进行成本核算时，需要综合考虑这些因素，以评估机械清理在长期运营中的经济性。

（三）自动化清理

自动化清理是未来养殖业发展的趋势，它借助先进的技术实现了无人值守的清理过程。

1. 自动化清理的技术原理

自动化清理通常基于传感器、控制系统和机械执行机构的协同工作。传感器检测粪污的堆积情况，将信息传输给控制系统，控制系统根据预设的程序驱动机械执行机构进行清理动作。

2. 自动化清理的可靠性

自动化清理系统的可靠性至关重要。它需要具备稳定的性能，能够在各种环境条件下正常运行，并且具备故障自诊断和自恢复功能，以减少停机时间和维护成本。

3. 自动化清理的发展趋势

未来，自动化清理技术将朝着更加智能化、高效化和节能环保的方向发展。例如，通过人工智能算法优化清理路径和时间，采用新型能源驱动设备以降低能耗等。

二、收集策略

（一）集中收集

集中收集是一种常见的粪污收集方式，通过合理的设施建设和流程优化，可以提高收集效率和质量。

1. 集中收集的设施建设

集中收集需要建设专门的粪污收集池、管道网络和输送设备等设施。收集池的容量应根据养殖场的规模和粪污产生量进行设计，确保有足够的存储空间。管道网络应布局合理，减少输送阻力和泄漏风险。

2. 集中收集的流程优化

优化集中收集的流程包括合理安排清理时间、确保粪污的顺畅输送以及及时处理收集过程中的问题。通过采用先进的监控系统和信息化管理手段，可以实时掌握收集过程中的情况，及时调整和优化。

3. 集中收集的优势与不足

集中收集的优势在于能够实现规模化处理，降低处理成本，提高资源利用率。然而，它也存在一些不足之处，如设施建设成本高、对管道维护要求严格等。

（二）分散收集

分散收集适用于一些养殖布局较为分散的地区或小型养殖场。

1. 分散收集的点位设置

分散收集的点位应根据养殖场的分布和粪污产生量进行合理设置，确保每个点位都能够方便地收集到周边的粪污。点位的位置应便于运输车辆的进出和操作。

2. 分散收集的运输方式

由于点位较为分散，运输方式的选择应灵活多样，可以采用小型货车、三轮车甚至人力推车等。在选择运输方式时，需要考虑运输成本、距离和路况等因素。

3. 分散收集的管理要点

分散收集需要加强管理，确保每个点位的收集工作按时完成，运输过程中不出现泄漏和污染，同时要做好记录和统计工作，以便后续的处理和利用。

（三）定时收集

定时收集可以保证粪污的及时清理和处理，减少对环境的影响。

1. 定时收集的时间间隔确定

定时收集的时间间隔应根据粪污的产生量、养殖场的环境要求和处理能力等因素来确定。一般来说，夏季粪污产生量较大，时间间隔应较短；冬季则可以适当延长。

2. 定时收集的应急预案

尽管进行了定时收集，但仍可能出现突发情况，如设备故障、恶劣天气等。因此，需要制订应急预案，包括备用设备的准备、临时存储设施的设置以及应急处理人员的安排等。

第三节　粪污的运输与贮存技术

一、运输方式

（一）公路运输

公路运输是牛羊粪污运输中最为常见和灵活的方式，但也面临着一系列的挑战和要求。

用于运输粪污的车辆需要具备特定的结构和性能。车辆的罐体应采用耐腐蚀、密封性良好的材料制造，以防止粪污泄漏和污染环境。同时，车辆还应配备合适的卸料装置，确保粪污能够安全、高效地卸载。此外，车辆的悬挂系统和轮胎要能够承受粪污的重量，保证行驶的稳定性和安全性。

（二）铁路运输

铁路运输在大规模、长距离的粪污运输中具有一定的优势，但也需要充分的前期分析和配套设施。

与公路运输相比，铁路运输在长途运输中可能具有成本优势，但在短途运输中可能不占优势。需要综合考虑运输距离、货物量、装卸成本、设备投资等因素，进行详细的成本比较和分析，以确定最经济、合理的运输方式。

（三）管道运输

管道运输是一种较为先进和环保的粪污运输方式，但建设和维护成本较高。

1. 管道运输的铺设要求

管道运输需要铺设专门的输送管道，管道的材质要具有良好的耐腐蚀性和抗压性。管道的铺设路线要经过精心设计，避开地质复杂区域和其他地下设施。同时，要考虑管道的坡度和压力损失，确保粪污能够顺利输送。

2. 管道运输的维护成本

管道运输系统需要定期进行维护和检修，以确保其正常运行。维护成本包括管道的清洗、防腐处理、设备更换等。此外，管道的泄漏检测和修复也是维护工作的重要内容，需要投入一定的人力和物力。

3. 管道运输的适用范围

管道运输适用于粪污产生量大、运输距离较长且运输路线相对固定的情况。例如，大型养殖场与集中处理厂之间的粪污输送，或者在工业园区内的企业之间进行粪污的循环利用。

二、贮存设施

（一）沼气池

沼气池是一种将粪污进行厌氧发酵处理并产生沼气的贮存设施。

1. 沼气池的建设规范

沼气池的建设需要遵循严格的规范和标准，包括选址、设计、施工等方面。沼气池的位置要远离火源和居民区，设计要考虑容积、压力、密封等因素，施工要保证质量，防止泄漏。

2. 沼气池的产气效率

沼气池的产气效率受多种因素的影响，如粪污的种类和数量、温度、酸碱度、接种物等。通过合理的管理和调控，可以提高沼气池的产气效率，增加沼气的产量。

3. 沼气池的安全管理

沼气池存在一定的安全风险，如爆炸、中毒等。因此，需要加强安全管理，定期检查沼气池的密封性、压力、气体浓度等，设置安全警示标识，对操作人员进行安全培训。

（二）储粪池

储粪池是一种常见的粪污贮存设施，用于暂时存放粪污。

1. 储粪池的容量设计

储粪池的容量要根据养殖场的规模、粪污产生量和处理周期进行设计。一般来说，要保证有足够的容量来容纳一定时间内产生的粪污，同时避免过度储存导致的环境问题。

2. 储粪池的防渗处理

为了防止粪污渗漏污染地下水和土壤，储粪池需要进行防渗处理。可以采用混凝土、塑料薄膜等材料进行防渗，确保池体的密封性。

3. 储粪池的清理周期

储粪池的清理周期要根据粪污的堆积情况和处理能力来确定。定期清理可以避免粪污溢出和影响环境，同时保证储粪池的正常使用。

（三）储罐

储罐是一种用于贮存液态粪污的设施。

1. 储罐的材质选择

储罐的材质要具有良好的耐腐蚀性和密封性，常见的材质如不锈钢、聚乙烯等。材质的选择要根据粪污的性质和贮存环境来确定。

2. 储罐的安装要求

储罐的安装要牢固、平稳，避免倾斜和晃动。同时，要设置进出口管道、阀门和安全装置，确保储罐的正常运行和安全使用。

3. 储罐的维护要点

定期对储罐进行检查和维护，包括外观检查、密封性检测、内部清洗等。发现问题及时处理，延长储罐的使用寿命。

第四节　粪污资源化利用技术

一、肥料化利用

（一）堆肥制作

堆肥是将牛羊粪污转化为有机肥料的常见方法，具有重要的农业价值。

1. 堆肥的工艺流程

堆肥的工艺流程通常包括原料准备、堆置、翻堆和腐熟等阶段。首先，将粪污与适量的秸秆、木屑等辅料混合，调节水分和碳氮比。其次，将混合物堆成一定形状和大小的堆体，在适宜的温度、湿度和通风条件下进行发酵。堆肥期间，需要定期翻堆，促进均匀腐熟。

2. 堆肥的腐熟标准

腐熟的堆肥应具备稳定的物理、化学和生物学性质。从外观上看，堆肥颜色变黑，质地疏松，无明显异味。化学指标方面，有机质分解充分，氮、磷、钾等养分含量稳定，且重金属等有害物质含量符合相关标准。生物学指标则表现为微生物群落达到平衡，有害微生物和寄生虫卵被有效杀灭。

3. 堆肥的质量检测

为确保堆肥质量，需要进行多项检测。包括物理性质检测，如粒度、密度和含水量；化学性质检测，如养分含量、酸碱度和电导率；生物学性质检测，如微生物数量和活性。同时，还应检测堆肥中的重金属、残留抗生素等有害物质，确保其符合农业生产的安全要求。

（二）有机肥料生产

有机肥料生产是粪污资源化利用的重要途径，具有广阔的市场前景。

1. 有机肥料的配方设计

有机肥料的配方设计要根据不同作物的需求和土壤条件进行优化。考虑氮、磷、钾等主要养分的比例，以及中微量元素的添加。同时，要结合粪污的特性和辅料的成分，调整配方以提高肥料的肥效和适用性。

2. 有机肥料的加工设备

加工有机肥料需要一系列专业设备，如粉碎设备、混合设备、造粒设备、干燥设备和包装设备等。粉碎设备将原料粉碎至合适的粒度，混合设备确保各成分均匀混合，造粒设备将混合物制成颗粒状，干燥设备降低水分含量，包装设备进行成品包装。

3. 有机肥料的市场推广

为推广有机肥料，需要加强市场宣传和品牌建设。宣传有机肥料的优点，如改善土壤结构、提高农产品品质、减少环境污染等。通过参加农业展会、举办技术培训和示范推广活动，提高农民对有机肥料的认知和接受度。同时，建立销售渠道，与农资经销商合作，拓展市场份额。

（三）直接还田利用

直接还田是一种简单、快捷的粪污利用方式，但需要科学操作。

1. 直接还田的时机选择

直接还田的时机应根据农作物的生长阶段和土壤条件来确定。一般来说，在作物播种前或生长期间的适当时机进行还田。例如，对于冬小麦，可在秋季播种前将粪污还田；对于蔬菜，可在定植前或生长中期适量还田。

2. 直接还田的用量控制

直接还田的用量要适中，过多可能导致土壤养分过剩、烧苗等问题，过少则无法达到预期的肥效。用量应根据粪污的养分含量、土壤肥力和作物需求进行计算。通常，每亩的还田量应根据具体情况控制在一定范围内。

二、能源化利用

（一）沼气生产

沼气生产是将粪污中的有机物通过厌氧发酵转化为可再生能源的有效方式。

1. 沼气发酵的条件控制

沼气发酵需要严格控制温度、酸碱度、碳氮比和有机物浓度等条件。适宜的温度通常在中温（30～40℃）或高温（50～

60℃）范围，pH 值保持在 6.8~7.5，碳氮比在（25~30）：1，有机物浓度根据发酵工艺和设备有所不同。

2. 沼气净化与储存

产生的沼气中通常含有硫化氢、二氧化碳等杂质，需要进行净化处理，以提高沼气的质量和燃烧性能。常见的净化方法包括化学吸收、物理吸附和生物脱硫等。净化后的沼气可以通过储气罐进行储存，以满足不同时段的使用需求。

3. 沼气的利用途径

沼气可以用于发电、供热、炊事等。在养殖场，可以利用沼气发电满足自身用电需求，多余电量还可以上网销售，也可以将沼气用于养殖场的供暖和热水供应。此外，经过净化的沼气还可以直接用于炊事，替代传统的化石能源。

（二）生物燃料制备

生物燃料是一种新型的清洁能源，从粪污中制备生物燃料具有很大的潜力。

1. 生物燃料的种类与特点

从粪污中可以制备的生物燃料包括生物柴油和生物乙醇等。生物柴油具有燃烧性能好、可再生、环保等优点；生物乙醇则具有辛烷值高、可与汽油混合使用等优点。

2. 生物燃料的制备工艺

生物柴油的制备通常采用酯交换法，将粪污中的油脂与醇类在催化剂作用下发生反应生成；生物乙醇的制备则主要通过发酵工艺，将糖类物质转化为乙醇。

（三）发电利用

利用粪污进行发电是实现能源回收和环境保护的重要手段。

1. 粪污发电的原理

粪污发电主要基于燃烧发电或沼气发电原理。燃烧发电是将粪污干燥后直接燃烧，产生蒸汽驱动汽轮机发电；沼气发电则是利用沼气燃烧产生的热能驱动发电机。

2. 发电设备的选型

发电设备的选型要考虑粪污的特性、发电规模和成本等因素。对于小型养殖场，可选择小型沼气发电机组；对于大型养殖场或集中处理厂，则需要选用大型的燃烧发电设备或多台沼气发电机组并联运行。

第五节　常见的粪污无害化处理与资源化利用技术模式

一、堆肥模式

（一）好氧堆肥

好氧堆肥是在有氧条件下，利用好氧微生物将有机物分解转化为稳定的腐殖质的过程。

1. 好氧堆肥的条件控制

好氧堆肥需要控制适宜的温度、湿度、氧气含量和碳氮比等条件。温度一般保持在 55~65℃，有利于微生物的生长和有机物的分解；湿度控制在 50%~60%，以保证微生物的活性；充足的氧气供应是维持好氧环境的关键；合适的碳氮比［通常为（25~30）：1］有助于微生物的生长和代谢。

2. 好氧堆肥的微生物群落

好氧堆肥过程中，微生物群落包括细菌、放线菌和真菌等。不同阶段的微生物群落组成和活性有所不同，初期以中温细菌和真菌为主，随着温度升高，高温细菌和放线菌成为优势菌群。

3. 好氧堆肥的产品质量

好氧堆肥的产品质量主要取决于腐熟程度、养分含量和有害物质含量等。腐熟的堆肥质地疏松、无异味，养分含量丰富且平衡，重金属等有害物质含量符合相关标准，可作为优质的有机肥料。

（二）厌氧堆肥

厌氧堆肥是在无氧或低氧条件下进行堆肥的过程。

1. 厌氧堆肥的工艺流程

厌氧堆肥通常包括原料预处理、厌氧发酵和后处理等阶段。原料经过破碎、混合等预处理后，放入密闭的反应器中进行厌氧发酵，发酵完成后进行后处理，如干燥、筛分等。

2. 厌氧堆肥的优势与局限

厌氧堆肥的优势在于产生的沼气可以回收利用，能耗较低，对氮素的损失较少。但也存在发酵周期长、容易产生恶臭和产品质量不稳定等缺点。

3. 厌氧堆肥的改进措施

为了提高厌氧堆肥的效果，可以优化反应器的设计，加强搅拌和通气，添加高效的微生物菌剂等。

二、生物处理模式

（一）微生物处理

利用微生物的代谢作用对粪污进行处理是一种高效、环保的方法。

1. 微生物处理的菌种选择

选择合适的微生物菌种是微生物处理的关键。根据粪污的性质和处理目标，选择具有相应降解能力的菌种，如降解有机物的细菌、去除氮磷的微生物等。

2. 微生物处理的环境条件

微生物处理需要提供适宜的环境条件，包括温度、酸碱度、溶解氧、营养物质等。不同的微生物对环境条件有不同的要求，需要进行优化和控制。

3. 微生物处理的效果评估

微生物处理的效果可以通过检测粪污中污染物的去除率、水质指标的改善情况、微生物的生长和代谢活性等方面进行评估。

（二）酶解法处理

酶解法处理是利用酶的催化作用加速粪污中有机物的分解。

1. 酶解法的原理与应用

酶具有高效、专一的催化特性，能够将复杂的有机物分解为简单的小分子物质。在粪污处理中，常用的酶包括蛋白酶、淀粉酶、脂肪酶等，可用于降解蛋白质、碳水化合物和脂肪等。

2. 酶的种类与作用

不同种类的酶具有不同的作用。蛋白酶主要分解蛋白质，淀粉酶分解淀粉和糖类，脂肪酶分解脂肪。合理选择和组合酶的种类，可以提高处理效果。

3. 酶解法的优化策略

优化酶解法处理可以从酶的添加量、反应时间、温度和酸碱度等方面入手，以提高酶的活性和反应效率。

主要参考文献

刘景德，刘召阳，王刚，2019. 牛羊养殖及疫病防治技术 ［M］. 北京：中国农业出版社.

韦英明，蒋钦杨，2021. 牛羊养殖实用技术 ［M］. 南宁：广西科学技术出版社.

姚占军，马伟林，2017. 农村牛羊养殖实用技术及市场评估 ［M］. 银川：阳光出版社.